함수, 통계, 기하에 관한

최소한의 수학지식

EBS

함수, 통계, 기하에 관한

최소한의 수학지식

초판 1쇄 발행 2017년 1월 6일
초판 12쇄 발행 2024년 8월 5일

기획 | EBS미디어
원작 | EBSMath 제작팀
글 | 염지현
감수 | 최수일

펴낸곳 | (주)가나문화콘텐츠
펴낸이 | 김남전
편집장 | 유다형
편집 | 김아영
디자인 | 양란희
마케팅 | 정상원 한웅 정용민 김건우
경영관리 | 임종열

출판 등록 | 2002년 2월 15일 제10-2308호
주소 | 경기도 고양시 덕양구 호원길 3-2
전화 | 02-717-5494(편집부) 02-332-7755(관리부)
팩스 | 02-324-9944
홈페이지 | ganapub.com
이메일 | ganapub@naver.com

ISBN 978-89-5736-889-3 (04410)
     978-89-5736-890-9 (세트)

EBS

함수, 통계,
기하에 관한

최소한의

Minimal Math

—— 처음 시작하는 교양 수학 ——

수학지식

가나

디지털 세상의 최고의 기여자, 수학

냉정하게 말해서 수학은 정말 유용하고 괜찮은 것임을 부정할 수는 없습니다. 그런데 유독 우리나라 사람들에게 수학은 그리 좋은 이미지를 남기지 못했습니다. 초중등교육을 이미 받은 성인들에게나 지금 받고 있는 학생들에게나 심지어는 영유아와 뱃속에 있는 태아에게까지 수학에 대한 인식은 부정적입니다. 수학은 괴물입니다.

이유야 어떻든 간에 시급한 것은 본래 수학이 그렇지 않으니 수학 본래의 유용하고 착한 이미지를 되찾고, 수학이 우리 인생에 꼭 필요한 과목이라는 인식을 회복하는 것입니다. 수학을 잘하지는 못해도 배척하거나 싫어하지 않도록 해야 합니다. 수학을 공부하려고 들인 노력과 시간이 아깝고 억울하다는 생각이 들지 않도록 해야 합니다. 수학을 공부한 결과 합리적이고 창의적인 문제해결 능력을 기를 수 있었고, 그것이 각자의 인생에 도움이 된다는 인식을 갖게 해야 합니다.

수학이 실생활과 유리된 것이 아닌 우리의 일상에 온통 수학이라는 인식을 가지게 되면, 그래서 수학을 공부하는 것이 꼭 필요하다는 인식을 갖게 되면, 수학 문제가 풀리지 않더라도 쉽게 포기하지 않고 끈기를 가지고 도전할 것입니다. 자고 일어나는 시간 관리와 하루의 생활 패턴, 24시간 손 안에 쥐고 있는 스마트폰, 인류가 공존하면서 날마다 공유되는 지구촌의 소식들 등 이 모든 생활이 가능하게 한 최고의 기여자가 수학이라는 인식은 우리 모두에게 꼭 필요합니다. 그래서 수학이라는 과목이 학생들에게 끼친 부정적인 생각을 바꿔줘야 합니다.

이 책은 학교 수학 교과서를 그대로 옮겨 놓은 책이 아닙니다. 교과서 이면에 숨어 있는 다양하고 풍부한, 그리고 재밌고 유익한 수학적 배경 지식을 보여주고 있습니다. 수학자들의 삶을 통해서 학생들은 어려운 여건 속에서 수학을 발견한 과정을 볼 수 있고 학생들도 스스로 재발명하도록 하는 안내를 하고 있습니다. 수학이 이용되는 많은 장면을 보는 학생들은 수학의 유용성을 조금씩 인식할 수 있도록 돕고 있습니다. 아직 수학의 참맛을 느끼지 못한 학생들에게 이 책은 내적인 동기를 유발할 수 있습니다. 수학을 좋아하는 학생들에게 이 책은 수학적 배경 지식을 풍부하게 키워줘서 더 깊이 있는 수학을 공부할 수 있도록 도울 것입니다.

2016년 12월
사교육걱정없는세상, 최수일

수학은 선택이 아니라 필수

흔히 말하는 명문대는 물론, 우리나라 대부분의 대학에는 '수학과'가 있습니다. 학생 수도 적지 않은 편이고요. 그런데 대학을 졸업하고 사회에 나와 보니, 직업이 수학자인 사람을 어쩌다 우연히 마주치기는커녕 스치기도 어려운 현실입니다. 대체 그 많은 졸업생은 다 어디로 갔을까요?

미국은 몇 년 전부터 계속 믿기 힘든 이야기를 합니다. 최고의 미래 직업 1위가 수학자라는 거지요. 수학을 전공하면 진출이 유리한 분야가 10위 안에 절반을 차지하는 것도 문화 충격입니다. 같은 시대를 살고 있는데, 왜 우리나라에선 이 사실이 비현실적으로 느껴지는 걸까요?

사실 수학은 피해자입니다. 작은 오해와 선입견으로부터 출발해 여러 사람에게 평생 외면당하고 있지요. 특히 수학을 입시 위주로 공부하는 우리나라에서 '수학은 배워서 어디에 쓰나'라는 홀대를 받고 있습니다.

최근에는 회계사나 은행원, 보험 계리사 외에도 수학을 사용하는 분야가 더 많아졌습니다. 교통, 안전, 에너지, 의료, 바이오, 제조업 등 현장에서 생기는 문제를 수학으로 해결 가능한 모든 분야에서 수학이 쓰이고 있다고 해도 과언이 아니지요. 특히 최근에는 매일 쏟아지는 엄청난 양의 데이터를 분석하고, 이 결과를 가치 있게 만들어주는 빅데이터 분야에서도 수학은 선택이 아닌 필수입니다.

　믿을 수 없겠지만 점점 수학이 없으면 안 되는 시대가 옵니다. 아니 이미 시작됐습니다. 수학이라는 학문 자체의 쓰임보다는, 수학을 늘 가까이에 두고 들여다보고 자주 생각하면서 저절로 얻게 되는 생각하는 힘, 여러 사물을 연상하는 능력 등이 주목받고 있는 것이지요.

　수학은 과학과 다르게 '대중화'가 아직 걸음마 수준입니다. 어떤 사람은 농담처럼 수학 대중화가 웬만한 수학 난제보다 어렵다는 말을 하더군요. 물론 곳곳에서 활약하는 우리나라 대표 수학자와 관련 전문가 덕분에 '2014 서울 세계수학자대회(ICM)'와 같은 큰 행사도 경험했지만, 아직 대중들과는 거리가 있습니다. 그래서 더 많은 사람이 수학에 관심을 갖도록 눈에 보이지 않는 수학 이야기를 눈에 보이도록 하는 노력들을 합니다.

　EBSMath팀에서 제작한 영상 중 70여 개를 엄신해, 두 권에 나누어 담았습니다. 영상 자료를 기초로 제가 6년간 수학 기자로 활동하며 알게 된 새로운 정보와 그동안 잘못 알려진 내용을 바로 잡아 각 꼭지마다 알차게 담았습니다. 소설책처럼 한 번에 앉은 자리에서 읽기엔 어렵겠지만, 두고두고 꺼내 읽어 보세요. 책을 펼치는 한 사람의 작은 움직임이 머지않은 미래에 우리나라 최고의 직업으로 수학자가 되는 날을 만들게 될 지도 모르니까요.

2016년 염지현

| Part 3 |

기하에 관한 최소한의 수학지식

· · · ·

The laws of nature are but mathematical thoughts of God

자연의 법칙은 신의 수학적인 방법일 뿐이다

· 유클리드 ·

/ Part 1 /

함수에 관한
최소한의 수학지식

001

함수의 시작을 알린 좌표

좌표로 하늘의 움직임을 기록하다

르네 데카르트
1596~1650년
프랑스 철학자, 수학자

모르는 길도 척척 안내해 주는 내비게이션
내비게이션 속에는 수학의 원리가 숨어 있다.

'나는 생각한다. 고로 나는 존재한다'라는
유명한 말을 남긴 철학자 데카르트

그는 처음으로 음수를
좌표 위에 나타냈고,
평면 위의 점을 (a,b)와 같은
순서쌍으로 표현했다.

오늘날 데카르트의 좌표는
내비게이션과 같은 디지털 지도나
3차원 컴퓨터 그래픽을 만드는 등
실생활에 이용되고 있다.

 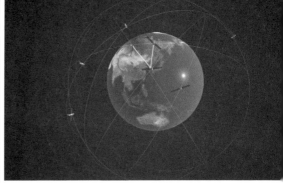

내비게이션의 기본 원리는 좌표

내비게이션은 정말 신기하고 편리한 도구예요. 처음 가는 길도 친절하게 안내하고, 실시간 교통 상황까지 알려줘서 막히는 도로를 피해갈 수 있도록 도와줘요.

내비게이션의 지도는 2차원 또는 3차원 좌표 위에 그려져요. 그런 다음 각 좌표마다 산인지 바다인지, 도로인지 건물인지 정보를 입력하는 거예요.

지도가 좌표로 입력되어 있기 때문에 두 점 사이의 거리를 계산하고 장애물을 피해갈 수 있는 길을 안내해 주는 원리예요.

음수를 좌표 위에 표현하다

17세기 프랑스를 대표하는 철학자이자 수학자인 데카르트는 어릴 때부터 몸이 약해 혼자 지내는 시간이 많았어요. 그때마다 관심 있는 분야를 깊이 연구하며 시간을 보내곤 했어요.

1618년 30년전쟁이 일어나자, 데카르트는 독일군에 입대했어요. 데카르트는 이때 처음으로 좌표에 대해 연구했어요. 이와 얽힌 재미있는 일화도 있어요.

어느 날 막사 안 침대에 누워 격자무늬 천장을 바라보던 데카르트는 파리가 날아다니는 모습에 호기심이 발동했어요. 데카르트는 천장에 앉아 있는 파리를 보고, 파리의 위치를 수학적으로 나타낼 방법을 고민했어요. 오랜 고민 끝에 데카르트는 파리가 앉은 천장을 좌표평면으로 보고 파리의 위치를 순서쌍으로 나타냈어요. 처음으로 좌표가 수학에 도입된 순간이죠.

이 이야기가 사실인지 아닌지 정확히 알 수 없지만, 그가 처음으로 사용한 순서쌍에 관한 기록은 그의 책 「기하학」에서 확인할 수 있어요.
이 책에 나오는 좌표는 현재 사용하는 좌표와는 다르게 x축만 있어요. 그는 x좌표를 먼저 평면 위에 표시한 다음 기울기를 이용해서 순서쌍 (x, y)를 나타냈어요. 이때 사용한 y좌표는 오늘날 y좌표와 그 의미가 달라요.
좌표에 대한 연구에 이어 데카르트가 수학사에 남긴 중요한 업적 중 하나는 음수를 좌표 위에 나타낸 거예요. 그 전에 그리스 사람들이 만든 좌표법으로는 음수를 나타낼 방법이 없었어요. 데카르트가 처음으로 눈에 보이지 않는 음수를 좌표 위에 표현하면서 2차원의 공간을 숫자로 표현할 수 있게 된 거예요.

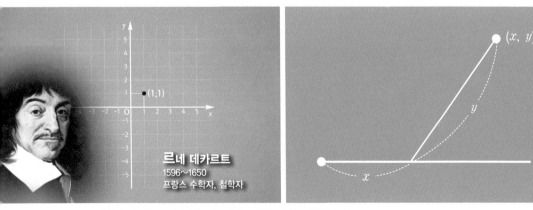

르네 데카르트
1596~1650
프랑스 수학자, 철학자

▲ 데카르트의 책 「기하학」에는 y축 없이 x축만 그려진 좌표가 나온다.

하늘의 움직임을 수학으로 담다

데카르트가 좌표를 연구하던 비슷한 시기에
이탈리아 천문학자이자 수학자인 갈릴레오 갈릴
레이는 움직이는 어떤 것들의 관계에 대해 연구
하고 있었어요. 어릴 적부터 호기심이 많았던 그
는 17살에 의대생이 됐지만, 사실 가장 관심 있
던 분야는 수학과 천문학이었어요. 특히 천체의
움직임에 대해 관심이 많았어요. 이를 자세하게
관찰하려고 안경 렌즈 두 개를 직접 다듬고 갈아

갈릴레오 갈릴레이
1564~1642
이탈리아 철학자,
천문학자, 수학자

서 원래 것보다 30배나 가까이 보이는 망원경을 만들 정도로 열정이 대단했
어요.

갈릴레이는 꾸준한 천체 관측을 통해 태양이 자전한다는 사실을 알게 됐어
요. 또 대물렌즈로 목성 주위를 도는 4개의 위성도 발견했지요. 갈릴레이가
천체 연구에서 가장 공들여 관찰한 건 '달'이었어요. 그는 한 달 동안 밤마다
달의 모양을 관찰했고, 이것을 꼼꼼히 기록했어요. 마침내 그는 달의 모양
이 달라지는 이유가 달이 지구 주위를 돌기 때문이라는 사실을 알아냈어요.

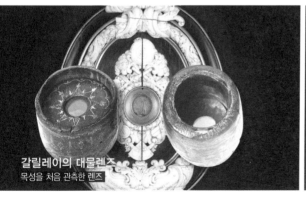

갈릴레이의 대물렌즈
목성을 처음 관측한 렌즈

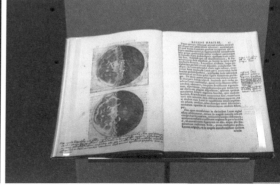

달이 지구 주위를 돌면서 받는 태양 빛의 양이 달라져 그 모양이 시간에 따라 다르게 보인다는 사실도 알아냈어요.

갈릴레이는 시간에 따라 변하는 지구와 달, 태양의 위치를 기록하고 그 사이의 관계와 규칙을 알아내려고 노력했어요. 뿐만 아니라 달표면의 봉우리와 분화구도 관찰하여 기록했어요. 이렇게 그는 모든 자연현상을 수학으로 설명할 수 있다고 믿었어요.

진자 운동에서 깨달음을 얻다

갈릴레이는 우연히 성당을 지나가던 중 진자 운동을 하는 향로를 보고, 물체의 이동 속도에 대한 깨달음을 얻었어요. 결국 그는 물체의 이동 속도를 시간과 거리의 관계로 나타내는 데 성공했어요. 그 속에서 함수의 원리를 찾아 식으로 표현한 거예요. 이처럼 함수는 갈릴레이의 연구를 거치면서 변화와 움직임을 나타내는 도구로 크게 발전하게 됐어요.

경사면 실험 기구
동일한 시간 동안 종이 울리는 시간과 구슬이 움직인 거리 실험

좌표의 개념이 정의된 뒤로 수학과 천문학은 급속도로 발전했어요. 왜냐하면 많은 수학자와 과학자는 좌표의 발견으로 움직이는 자연현상을 수학적으로 표현하기 시작했고, 여기에 함수 개념이 더해져 시간과 거리, 속도의 변화까지 한눈에 알기 쉽게 정리할 수 있게 됐거든요. 좌표가 함수의 시작을 알린 셈이에요.

002

내 몸속의 좌표

영화와 의료 기기에 쓰이는 좌표 이야기

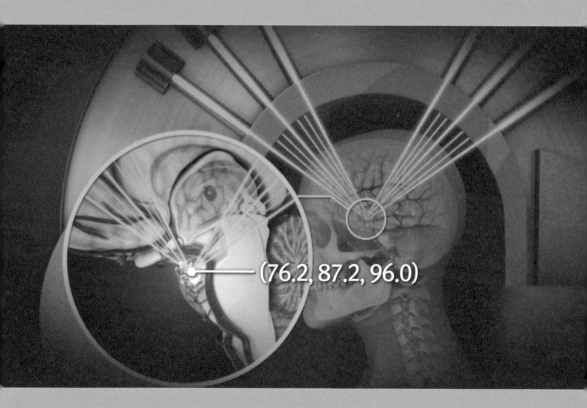

(76.2, 87.2, 96.0)

사람의 동작과 표정을 그대로 담은
3D 애니메이션

머리나 피부를 절개하지 않고도
종양의 위치를 정확히 알 수 있는 의료 기기

디지털 기술의 발달 속에는
'좌표'가 숨어 있다.

2차원과 3차원을 넘나드는 좌표는
생활 깊숙이 들어와 자리매김하고 있다.

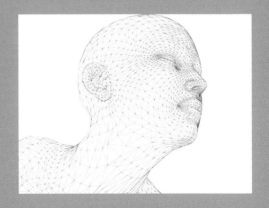

속눈썹 떨림까지 표현하는 함수

지난 2009년에 개봉한 영화 〈아바타〉는 흥미로운 주제와 잘 짜인 이야기 구성은 물론, 뛰어난 컴퓨터 그래픽 기술로 큰 인기를 얻었어요. 가상 캐릭터의 세밀한 동작은 물론이고 표정까지 사실적으로 표현해냈거든요. 이를 가능하게 한 디지털 기술 속에는 함수의 원리가 담겨 있어요.

▲ 사람 몸에 센서를 달아 움직임 정보를 인식하는 모션 캡쳐

함수를 이용하는 기술 중 하나가 바로 '모션 캡쳐'예요. 모션 캡쳐는 사람이나 동물의 몸에 센서를 달아 그 움직임 정보를 컴퓨터로 인식해 영상으로 다시 재현하는 기술을 말해요.

영화 〈아바타〉에 등장하는 파란 얼굴의 주인공을 연기하기 위해 배우는 온몸에 100여 개의 센서를 붙이고 카메라 앞에 서요. 배우가 시나리오에 따라 연기를 하면 각 센서의 좌표값이 컴퓨터에 입력되고 동시에 컴퓨터 속 파란 얼굴의 주인공도 움직이는 원리예요.

특히 영화 〈아바타〉는 단순한 동작을 넘어 배우의 표정까지 세밀하게 재현해 가상 캐릭터의 생동감을 더했어요. 이때 사용한 기술은 '이모션 캡쳐'로 배우가 가상 캐릭터의 감정까지 표현하는 걸 말해요. 이모션 캡쳐는 초소형 카메라가 달린 장비를 배우 머리에 씌워 얼굴을 360°로 촬영해요. 그래야 얼굴 근육과 눈동자의 움직임, 심지어 땀구멍과 속눈썹의 떨림까지도 정밀하게 기록할 수 있거든요. 가상 캐릭터가 마치 살아있는 듯한 표정으로 움직이는 장면을 볼 수 있는 건 캐릭터를 연기한 배우의 모든 움직임을 정밀하게 좌표로 기록한 덕분이에요. 이를 바탕으로 움직임을 자연스럽게 다듬으면, 눈을 지그시 감거나 비웃는 듯한 세세한 표정도 담을 수 있어요.

의료 기술의 혁명을 가져온 좌표

좌표가 발견되자 의료 기술은 놀라운 속도로 발전하기 시작했어요. 특히 상황에 따라 우리 몸 곳곳을 2차원 또는 3차원 좌표로 나타낼 수 있는 첨단 의료 기기가 개발됐지요.

가천의과대학교 뇌과학연구소에서는 지난 2010년 첨단 MRI(자기 공명 영상 장치) 장비로 살아있는 사람의 뇌를 촬영하는 데 성공했어요. 이 기계를 이용하면 0.3mm 크기의 뇌구조까지 세밀하게 들여다 볼 수 있어요. 전문가들은 이를 '뇌지도'라고 불러요.

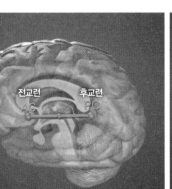 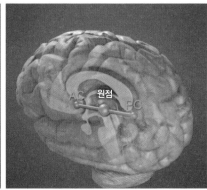 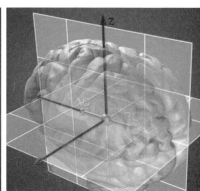

▲ 뇌지도는 뇌구조를 3차원 좌표 위에 정밀하게 그려낸 것을 말한다.

뇌지도에서 좌표는 필수예요. 뇌구조를 좌표 위에 그리기 위해서는 기준이 필요해요. 이때 전교련과 후교련이라는 뇌 부위를 축으로 그 중간 부분을 원점이라고 해요. 뇌지도는 서로 다른 2개의 평면좌표를 교차해서 만든 3차원의 형태에요. 연구팀은 뇌 속의 5만 개 부위에 고유한 좌표값을 설정하고, 각 좌표에 명칭을 입력해 뇌지도를 완성했어요.

뇌지도는 종양 제거 수술에서 없어서는 안 되는 필수 자료예요. 정확한 종양의 위치를 알아야 생명이 위태로운 상황에서 수술의 성공도를 높여 주기 때문이에요.

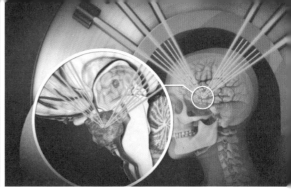

감마나이프 Gamma Knife
기존의 머리를 절개하는 뇌수술과는 달리 감마선을
치료 부위에 쬠으로써 종양이나 혈관기형 등을 제거하는 방사선 수술법

▲ 감마선을 치료 부위에 정확히 조준하기 위해 좌표값이 중요하다.

감마나이프 방사선 수술은 두피나 두개골을 열지 않고 질병을 치료하는 최
첨단 뇌수술 방법이에요. 돋보기처럼 201개의 다른 방향에서 쏜 감마선을
한곳에 모아 종양을 없애는 원리예요. 이때 가장 중요한 건 종양의 위치를
정확하게 조준하는 거예요. 따라서 종양의 위치를 알려주는 좌표값이 가장
중요한 변수가 돼요.

이처럼 좌표는 인간의 능력이 닿지 못하는 곳까지 도달하고 있어요. 우리
몸속 지도가 생생하게 그려질수록 사람들의 건강을 지킬 수 있는 의료 기술
도 더 많이 발전하게 될 거예요.

003

좌표로 범죄율을 낮춰라

지도 속 좌표의 활약

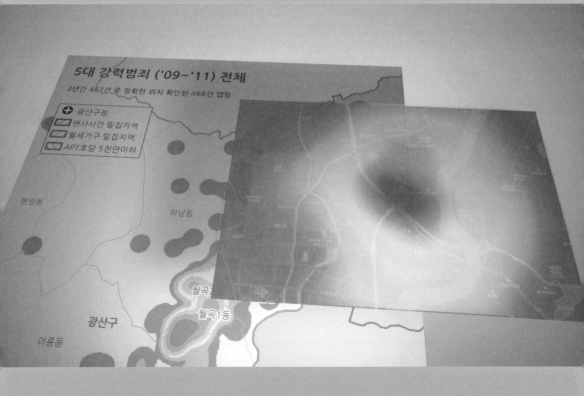

좌표가 수학의 도구로
활용되기 시작하자,
지도는 눈부시게 발달했다.

그 대표적인 사례가
'범죄 지도'로
실제로 미국 뉴욕시 경찰청은
범죄 지도를 이용해
4년 만에 범죄율을
절반 이하로 줄였다.

범죄가 일어날 때마다
해당 지역을 지도에 표시한 뒤,
그 지역을 중점적으로 관리한 덕분이다.

범죄율 낮춘 첨단 지도의 탄생

좌표는 종이 지도가 발전하는데 가장 큰 역할을 했어요. 시간이 흘러 디지털 기술이 발달하자, 종이 지도는 더욱 다양한 기능을 갖춘 첨단 지도로 변신했어요. 첨단 지도에서 좌표의 활약은 특히 눈부셔요. 그 대표적인 사례가 '범죄 지도'랍니다.

1990년대 중반 미국 뉴욕시는 범죄 도시였어요. 한 해 동안 살인 사건이 1946건이나 발생한 위험한 도시였지요. 시민들의 불안감은 날이 갈수록 더 심해졌어요.

1990년대 중반 미국 뉴욕시
한 해동안 1,946건의 살인 사건 발생

그러던 어느 날 신임 경찰청장으로 윌리엄 브래튼이 부임했어요. 당시 뉴욕시 경찰청은 범죄율을 낮추기 위해 필요한 예산을 추가하기도, 경찰 병력을 보충하기도 어려운 상황이었어요. 그럼에도 불구하고 브래튼 청장이 부임하고 몇 년이 지나자 뉴욕시의 범죄율은 절반 이하로 줄어들었어요.

브래튼 청장은 부임하자마자 범죄 지도를 그리도록 지시했어요. 범죄 지도는 뉴욕시의 지리 정보와 범죄 발생 건수를 분석해서 만든 기능성 지도였어요. 경찰청은 특히 범죄가 많이 발생하는 위험 지역에 가로등을 설치해 밤거리를 환하게 밝혔어요. 이 지역을 중심으로 수시로 순찰차도 운행해 시민들의 안전을 지켰어요.

뉴욕시 범죄 지도

뉴욕시 범죄율
4년 만에 60% 감소

그 결과 뉴욕시의 범죄율은 4년 만에 60%나 줄어들었어요. 뉴욕시는 범죄 지도를 만들 때 지리정보시스템(GIS)을 사용했어요. 이것은 간단히 말해 종이 지도 위에 디지털 좌표를 입히는 기술이에요. 범죄가 발생할 때마다 지도 위에 해당 지역을 점으로 찍어 표시하고, 범죄가 자주 발생하는 지역은 색깔을 다르게 해 특별 구역으로 분류해 관리했어요.

이처럼 다양한 통계 자료와 지리 정보를 한눈에 볼 수 있는 첨단 지도는 현대사회에서 매우 중요한 도구로 활용되고 있어요. 특히 시민들의 생명과 안전을 보호하는 데 유용하게 사용돼요.

똑똑한 좌표는 범죄율 낮추는 파수꾼

국내에도 범죄 지도를 활용한 수사가 시도되고 있어요. 범죄 신고가 접수되면 지리정보시스템에 범인의 예상 도주 경로가 표시되어 범인 검거 확률을 높일 수 있어요.

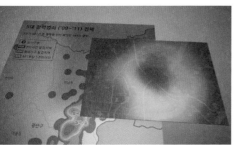

지리정보시스템은 산불이나 재해가 발생했을 때 가장 가까운 구조대를 파견하고, 응급 환자가 발생했을 때 가장 가까운 병원으로 안내하는 역할도 해요.

이 모든 것은 좌표 위의 한 점에서 출발해요. 좌표 위의 점 하나가 시민들의 생명을 보호하고 안전을 지키고 있는 셈이지요.

004

사막 개미의 놀라운 비밀

기준점 없는 사막에서 길을 찾는 사막 개미

협동과 분업을 하는 개미.
개미는 페로몬을 이용해 다른 동료에게
발견한 먹이의 위치를 알린다.

바람과 먼지가 심하고, 사방이 모래로 둘러싸인 사막.
이곳에는 혼자 사냥을 다니는 사막 개미가 산다.
사막은 바람과 먼지가 심해 페로몬이 소용없다.
하지만 사막 개미는 200m나 떨어진 곳에서도
실수 없이 집을 찾아온다.
사막 개미는 페로몬 없이 어떻게 집을 찾아오는 걸까?

생물학자들은
"사막 개미의 몸속에
일종의 위치추적장치(GPS)가 있다."
고 말한다.

▲ 개미는 '페로몬'이라는 냄새 분자로 길을 알려준다.

개미의 의사소통 수단, 페로몬

약 1억 2천만 년 전, 공룡이 살았던 시대부터 살아온 개미는 농사도 짓고, 일도 나눠 하면서 노예도 부려요. 심지어 다른 집단과 전쟁도 하며 살아왔어요. 이런 개미의 사회 구조는 인간과 비슷해 오랫동안 인간의 관심 대상이었어요.

개미는 복잡한 개미굴에서 수많은 개미들과 서로 엉키지 않고 움직이며 살아가요. 개미의 가장 중요한 임무는 먹이를 찾는 일이에요. 특히 덩어리가 큰 먹이를 발견했을 때는 재빨리 개미굴로 돌아가 다른 개미들에게 먹이의 위치를 알려야 해요. 이때 개미는 개미굴과 먹이 사이를 오가면서 '페로몬'이라는 냄새 분자를 길에 남겨요. 그러면 다른 개미들이 냄새를 따라 먹이를 찾아갈 수 있어요.

가늘고 긴 더듬이를 움직이며 페로몬 냄새를 감지하고, 먹이가 있는 곳으로 이동해요. 이렇게 개미들은 페로몬으로 의사소통을 한답니다. 처음엔 약했던 페로몬 냄새가 여러 개미들이 같은 길을 오가며 더 강해져요. 그러다 먹이를 모두 옮길 때쯤이면 냄새가 점점 사라지게 돼요. 먹이의 양이 줄어들면서 개미의 이동 횟수도 줄어들기 때문이지요.

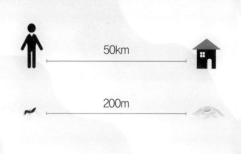

▲ 사막 개미는 사람으로 치면 50km나 되는 두 지점 사이를 페로몬 없이 오간다.

사막 개미의 길찾기 능력

하루 종일 뜨거운 태양이 내리쬐고, 모래 바람이 부는 사막에 사는 개미들은 페로몬으로 의사소통이 불가능해요. 바람 때문에 냄새가 쉽게 날아가 버리기 때문이에요. 게다가 사막은 사방이 전부 모래뿐이어서 방향도 제대로 알기 어려워요. 그래서 사막 개미들은 주로 혼자 사냥을 다녀요. 집과 꽤 멀리 떨어진 곳에서 먹이를 발견해도 실수 없이 똑바로 직진해서 개미굴까지 돌아와요.

사막 개미의 최대 사냥 거리는 200m로 이 거리는 사람으로 치면 50km나 되는 거리예요. 즉 기준점 하나 없는 사막에서 최대 50km나 되는 거리를 직선으로 집을 찾아낼 수 있다는 뜻이죠.

사막 개미의 직진 본능

사막 개미를 관찰한 생물학자들은 사막 개미에게는 방향과 거리를 계산하는 능력이 있다고 말해요. 일종의 위치추적장치(GPS)가 몸속에 들어있다고 생각한 거예요.

스위스의 생물학자 뤼디거 베너는 사막 개미가 길을 찾는 과정을 연구했어요. 그 결과 사막 개미는 움직이는 순간마다 감각기관을 총동원해 전체 거리와 방향을 계산한다는 사실을 알아냈어요.

사막 개미는 자신의 현재 위치에서 집까지의 거리와 방향을 알고 있어 웬만큼 먼 거리에서도 집까지 직선으로 찾아갈 수 있다고 해요.

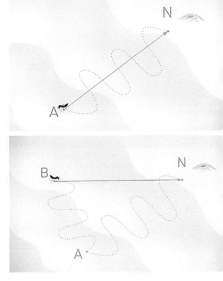

예를 들어 사막 개미가 A에서 먹이를 발견했다면, 그 자리에서 집의 위치를 계산해 AN 방향으로 움직여요. 만약 이때 A에서 먹이를 찾지 못하고 다른 위치인 B로 이동해도 집을 찾는 것은 문제없어요. A에서 B로의 이동 방향과 거리를 감지해서 위치의 기준을 B로 바꾼 다음, 다시 집을 찾아 BN 방향으로 움직이거든요.

사막 개미는 드넓은 사막에서 태양의 방향과 자기장의 방향을 기준으로 자신의 위치를 알아내요. 이것이 바로 사막 개미 몸속에 들어 있는 위치추적장치인 셈이지요. 여기에 직진 본능이 더해져 집까지 안전하게 돌아가는 거랍니다.

이와 같은 사막 개미의 뛰어난 길찾기 능력이 세상에 소개되자, 수학자들도 사막 개미에게 관심을 보이기 시작했어요. 앞으로 사람의 상상력을 뛰어넘는 개미의 또 다른 수학적인 능력이 더 밝혀지길 기대해 봐요.

005

움직임을 기록하는 도구, 함수

규칙과 주기를 관찰해 달력을 만들다

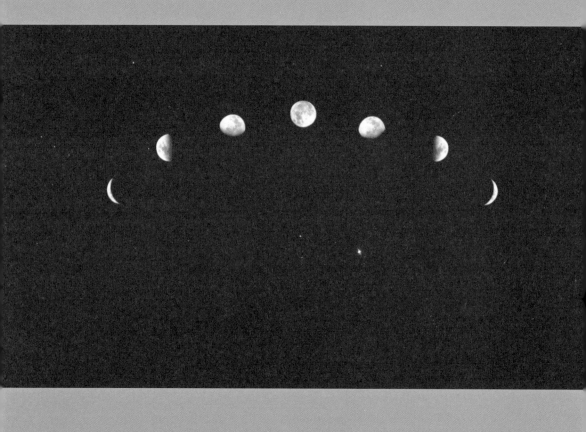

기원전 3000년 경
달력은 바빌로니아 사람들에게
안정과 풍요를 가져다주는 중요한 도구였다.

바빌로니아 사람들은 달의 모양이 변하는 것을
관찰해 기록한 뒤 정확한 주기를 계산해 달력을 만들었다.
이것은 농작물을 심거나 추수 계획을 세울 때 큰 도움이 됐다.
날씨로 인한 피해를 줄일 수 있었기 때문이다.

그러다 사람들은 달뿐만 아니라
태양까지 주목하기 시작했다.
계절이 바뀌면서 태양의 위치가 바뀌는 것을 보고
1년의 길이를 정했다.

시간에 따라 태양의 움직임을
기록한 달력이 바로 '태양력'이고,
이것이 지금 우리가 사용하는
달력의 기원이다.

함수의 기원

함수의 시작은 아주 오랜 옛날로 거슬러 올라가요. 물론 당시에는 지금처럼 '함수'라는 이름은 없었어요.

1960년 아프리카 콩고에서 발견된 동물의 뼈에는 기원전 약 2만 년 전의 숫자가 새겨져 있어요. 전문가들은 이것을 달의 주기를 기록한 것이라고 추측했어요.

▲ 아프리카 콩고에서 발견된 동물의 뼈는 달의 주기로 추측되는 눈금이 새겨져 있다.

고대인들은 날마다 변하는 달의 모양으로 시간이 흐르는 것을 알아차렸어요. 달은 눈에 잘 띄면서 적당한 주기로 모양이 변하기 때문에 새로운 시간의 기준으로 알맞았어요.

사람들은 달의 모양을 관찰하고 기록하면서 낮과 밤의 길이, 계절의 변화 등 규칙적으로 일어나는 자연의 주기를 알게 됐어요. 그동안 하루보다 길고, 1년보다 짧은 시간의 단위를 원했던 사람들은 달의 모양을 관찰해 날짜를 계산하여 '달력'을 만들었어요. 이에 맞춰 농사와 사냥, 전쟁 등 다양한 활동을 계획했어요.

시간의 기준을 정하다

해가 뜨면 세상이 밝아지고, 해
가 지면 어두워지는 것은 누구나
아는 자연현상이에요. 사람들은
이러한 자연현상을 바탕으로 세심
하게 '하루'라는 시간의 기준을 정

바빌론 바빌로니아

했어요. 하지만 낮과 밤을 구분하는 명확한 경계가 없어서 언제부터 언제까
지가 하루인지 분명하진 않았어요.

기원전 3000년 경 지금의 이라크 지역에 세워진 고대 도시 바빌로니아는
문명 발달의 중심지였어요. 바빌로니아가 문명의 중심지가 될 수 있었던 힘
중 하나가 바로 달력이에요. 달력은 바빌로니아 사람들에게 안정과 풍요를
선물하는 아주 중요한 역할을 했지요. 당시 바빌로니아에서는 낮과 밤의 길
이가 같은 날을 새해의 시작이라고 정했어요.

하루 중 낮의 길이를 x, 밤의 길이를 y라고 하면, $y=24-x$와 같은 관계식이
성립해요. 이렇게 낮의 길이에 따라 밤의 길이가 달라지는 관계, 이것이 바
로 함수에요.

바빌로니아 사람들은 북극성을 중심으로 이동하
는 밝은 별 5개도 발견했어요. 바로 화성, 수성,
목성, 금성, 토성이에요. 5개의 행성과 태양, 달의
이름을 본 떠 지금 우리가 사용하는 일주일 단위
의 시간 개념이 완성된 거예요.

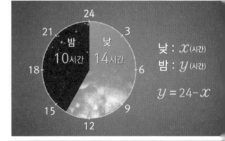

낮 : x(시간)
밤 : y(시간)
$y=24-x$

그러다 사람들은 계절에 따라 태양의 위치가 바뀌
는 것을 기록하면서 1년이라는 시간의 길이도 정
했어요. 이때 시간의 흐름에 따른 태양의 움직임
을 기록한 것이 바로 '태양력'이에요. 현재 우리가

사용하는 달력의 기원이지요.

이처럼 오래전부터 사람들은 천체의 움직임을 관찰하고, 변화의 주기를 발견해서 삶의 도구로 활용해 왔어요. 달력은 시간에 따른 행성의 위치를 기록한 표라고 할 수 있어요.

▲ 천상열차분야지도의 고탁본, 숙종 때 다시 새긴 천문도를 탁본한 것이다.

계절의 흐름을 기록한 24절기

우리 선조들도 오래전부터 천체의 움직임을 기록했어요.

1395년 조선 태조 4년에 완성된 '천상열차분야지도'는 달의 주기를 기준으로 다양한 정보를 담은 별자리 지도예요. 달의 주기에 따라 하늘을 28개의 구역으로 나누고, 이 구역은 다시 사계절과 동서남북 방위에 따라 7개씩 4개로 나누었어요. 각 구역에는 계절과 절기에 따라 달라지는 1467개 별자리를 한눈에 알아볼 수 있도록 이름과 모양을 나타냈어요.

▼ 천상열차분야지도는 조선 시대 별자리 지도로, 계절, 절기, 별자리를 한눈에 알 수 있다.

28수(宿)
달의 주기에 따라 하늘을 28개의 구역으로 나눈 것

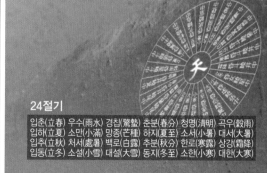

24절기
입춘(立春) 우수(雨水) 경칩(驚蟄) 춘분(春分) 청명(淸明) 곡우(穀雨)
입하(立夏) 소만(小滿) 망종(芒種) 하지(夏至) 소서(小暑) 대서(大暑)
입추(立秋) 처서(處暑) 백로(白露) 추분(秋分) 한로(寒露) 상강(霜降)
입동(立冬) 소설(小雪) 대설(大雪) 동지(冬至) 소한(小寒) 대한(大寒)

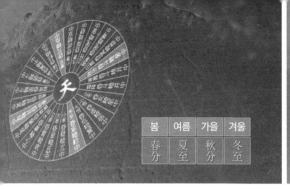

쌍둥이 자리 정(井)별자리 전갈자리 꼬리 미(尾)별자리

천상열차분야지도에는 계절의 흐름을 알 수 있는 24절기의 내용도 나와 있어요. 예를 들어 춘분날 뜨는 별은 '혼정효미중(昏井曉尾中)'으로 이는 춘분날 저녁 하늘에는 쌍둥이자리, 새벽에는 전갈자리가 보인다는 뜻이에요.

음력은 달의 모습이 매일 변해서 하루하루가 지나가는 것을 잘 알 수 있었지만, 태양의 움직임과 맞지 않아서 계절을 정확히 알지 못했어요. 그래서 태양의 움직임을 바탕으로 24절기를 정하고, 농사처럼 계절이 중요한 일에 활용했어요.

달력은 예나 지금이나 없어서는 안 될 소중한 삶의 도구예요. 만약 함수의 개념이 없었다면, 우리는 지금이 몇 시인지 오늘이 며칠인지 알 수 없었을지도 몰라요.

이렇게 함수는 $y=ax$와 같은 식으로 표현되기 전 달이나 태양, 별의 움직임을 관찰하는 일로부터 출발했어요. 움직임을 기록하고 규칙과 주기를 누구나 알기 쉽게 기록하고 연구하다 보니 후대에 함수의 개념이 탄생하게 된 셈이지요.

006

함수, 이름을 얻다

라이프니츠가 정의하고, 오일러가 식으로 표현한 함수

고대 바빌로니아 사람들이 달력을 만들면서
함수의 개념을 사용했다.

뒤이어 이탈리아의 천문학자이자 수학자인
갈릴레오 갈릴레이가 천체의 움직임을
수학적으로 설명할 때에도 함수의 원리를 떠올렸다.
하지만 함수를 식이나 기호로 표현하진 못했다.

독일의 수학자 라이프니츠가
최초로 함수를 수학적으로 정의하고,
스위스의 수학자 오일러가
그 개념을 식으로 표현했다.

함수는 여러 수학자들의 노력으로
오늘날의 모습을 갖추게 되었다.

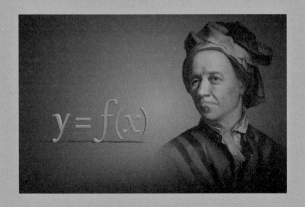

함수를 정의하다

천문학을 연구했던 갈릴레오 갈릴레이를 시작으로 수학자들은 움직임을 표현하는 수학에 대해 연구했어요. 움직임을 본격적으로 다루는 '미분'은 함수를 이용해 물체의 변화를 수학으로 표현하는 분야예요.

독일의 수학자 라이프니츠는 미분을 발견한 사람 중 한 명이에요. 그는 현대식 계산기를 발명할 정도로 뛰어난 두뇌의 소유자였어요. 뿐만 아니라 철학, 자연과학, 법학, 신학, 언어학 등 다양한 분야에서 많은 업적을 남겼지요.

라이프니츠는 특히 수학에서 두각을 나타냈어요. 그는 다양한 개념을 수학 기호로 나타내고, 미적분 개념을 정의했어요. 그가 남긴 수만 장의 연구 기록 속에는 함수의 원리도 담겨 있어요. 시간이 지나면서 위치가 변화하는 물체를 관찰하고, 그 관계를 식으로 나타냈지요.

▲ 라이프니츠는 함수를 최초로 수학적으로 정의하였다.

오랜 연구 끝에 라이프니츠는 최초로 함수를 수학적으로 정의했어요. 즉 두 변수 x와 y 사이에 x값이 하나 정해지면 그에 따라 y값이 단 하나로 정해지는 대응 관계가 있을 때, y를 x의 함수라고 정의했어요. 영어로 '기능'을 뜻하는 'function'을 함수라고 부른 사람도 라이프니츠예요.

함수를 식으로 나타내다

스위스의 수학자 오일러는 라이프니츠의 함수의 정의를 더욱 간단하게 $y=f(x)$라는 식으로 정리했어요. 이때 x 자리에 어떤 수 a를 넣어서 얻은 y값을 a의 함숫값이라고 하고, 이를 $y=f(a)$라고 써요.

예를 들어 $f(x)=100x$에서 x가 1이면 x에 1

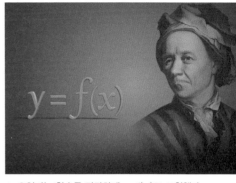

▲ 오일러는 함수를 간단하게 $y=f(x)$로 표현했다.

을 대입하면 돼요. 즉 $f(1)=100×1=100$이에요. $x=2$이면 $x=2$를 대입해 $f(2)=100×2=200$, $x=3$이면 $f(3)=100×3=300$이 돼요. 여기서 100, 200, 300이 각각 $x=1$, 2, 3일 때의 함숫값이에요.

쾨니히스베르크의 7개의 다리

수학자 오일러는 함수를 $y=f(x)$로 나타낸 것처럼, 늘 복잡한 수학 문제나 생활 속에서 만난 현상을 간단한 기호나 그림으로 표현하고 싶어 했어요.

그가 연구했던 문제 중 가장 잘 알려진 '쾨니히스베르크의 다리 문제'를 살펴볼까요?

18세기 동프로이센의 수도 쾨니히스베르크(현재 러시아의 칼리닌그라드)에 있던 프레겔강은 다음 장의 그림처럼 A, B, C, D 네 마을 사이를 흐르고 있었어요. 이곳에는 마을과 마을을 연결하는 7개의 다리가 놓여 있었지요. 그런데 어느 날 누군가에 의해 수수께끼 같은 문제 하나가 사람들의 입에 오르내리기 시작했어요.

"같은 다리를 두 번 건너는 일 없이, 7개의 다리를 모두 건너라!"

문제는 아주 간단했지만, 오랜 시간이 흘러도 문제를 푼 사람이 나타나지 않았어요. 아무도 풀지 못했던 이 문제가 마침내 오일러의 귀에도 들어가게 됐어요. 오일러는 쾨니히스베르크에 직접 가 보지 않아도 문제를 풀 수 있다며 자신감을 보였어요. 평소 모든 현상을 기호로 나타내는 걸 즐겼던 오일러는 지도를 간단히 점과 선으로 나타냈어요. 4개의 마을은 점으로, 다리는 선으로 나타내 아래 그림과 같은 새로운 지도를 만들었지요. 그리고는 어떤 방식으로도 위 조건으로는 다리를 건널 수 없음을 증명했어요.

바로 유명한 '한붓그리기'라는 개념을 통해서 말이에요. 한붓그리기란 말 그대로 붓을 한 번도 종이에서 떼지 않고 같은 선을 두 번 지나지 않으며 도형의 모든 점을 지나도록 그림을 그리는 것을 말해요. 만약 문제의 조건대로

▼ 오일러는 한붓그리기를 이용해 쾨니히스베르크의 다리 문제는 그 누구도 풀 수 없는 문제임을 증명했다.

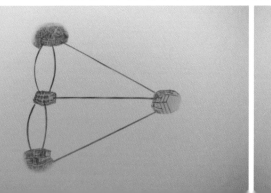

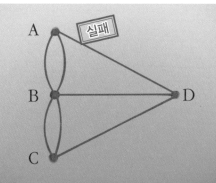

두 번 건너는 다리 없이 한 번에 7개의 다리를 모두 건너려면, 한붓그리기가 가능해야 한다는 것이 오일러의 주장이었어요. 하지만 이 지도는 한붓그리기로 그릴 수 없는 도형으로, 오일러는 그 누구도 풀 수 없는 문제임을 증명했지요.

한붓그리기가 가능하려면 다음과 같은 조건이 필요해요. 첫째, 각 꼭짓점에 연결된 변의 개수가 모두 짝수면 가능해요. 둘째, 꼭짓점에 연결된 변의 개수가 홀수인 점이 있다면, 홀수인 점은 딱 두 개뿐이어야 해요. 쾨니히스베르크 다리 지도는 모든 점에 연결된 변의 개수가 홀수 개였어요. 즉 홀수인 점이 4개였지요. 따라서 절대 풀 수 없는 문제였어요.

오일러는 함수를 식으로 표현한 것은 물론, 늘 복잡한 현상을 간단한 기호와 그림으로 표현하는 것이 수학의 매력이라고 말했어요. 오일러가 처음 연구한 한붓그리기는 그래프이론이라는 수학의 한 분야에서 나온 문제예요. 그래프이론은 미로나 지하철 노선, 버스 노선을 간단한 점과 선으로 그릴 수 있도록 하고, 인터넷망, 전화 통신망, 은행 전산망 등에도 활용되고 있어서 현대사회에서 아주 중요한 역할을 하고 있답니다.

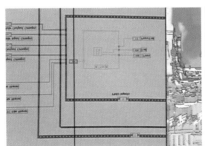 

007

우주로 가는 열쇠, 함수

우주선 착륙에 숨어 있는 함수 이야기

우주와 다른 행성을 탐구하려는
인류의 꿈은 오래전부터 시작됐다.

1957년 10월 4일
구소련의 인공위성 스푸트니크 1호 발사를 시작으로
사람들은 유인 우주선 발사, 화성 탐사 등
다양한 방법과 목적으로 우주 탐사를 계속하고 있다.

수학은 우주선을 쏘아 올리는 데
꼭 필요했다.

특히 시간에 따라
계속 변하는 여러 가지 관계를
추측하고, 탐구하고, 표현하는 함수는
그 중심에서 중요한 역할을 하고 있다.

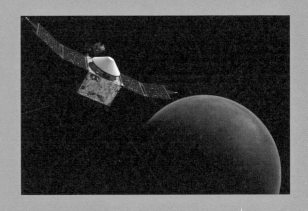

화성 탐사를 돕는 함수

2011년 11월 26일, 미국 플로리다주의 한 공군 기지에서 화성 탐사 로봇 '큐리오시티'가 발사됐어요. 7년 동안 2조 9천억 원이라는 어마어마한 비용으로 탄생한 큐리오시티는 꿈의 장비라고 불릴 만큼 첨단 기능을 모두 갖췄어요. 발사된 9개월 뒤인 2012년 8월 6일, 큐리오시티는 무사히 우주 여행을 마치고 화성 착륙에 성공했어요. 우주 탐사의 새로운 역사가 시작된 거예요.

▲ 화성 탐사 로봇 '큐리오시티'

화성은 행성 중 지구와 가장 비슷한 환경을 갖고 있다고 알려져 있어서 관심이 집중되는 곳이에요. 지구 한 바퀴는 약 4만km, 그런데 지구에서 화성까지의 거리가 약 5500만km니까 지구에서 화성까지는 지구를 1375바퀴 도는 것과 같아요. 쉽게 오갈 수 있는 거리가 아니기 때문에 우주 탐사는 준비를 철저히 해서 실패 확률을 낮추는 게 굉장히 중요해요.

1957년 10월 4일 구소련의 인공위성 스푸트니크 1호가 발사되면서 우주 탐사가 본격적으로 시작됐어요. 그 뒤로 1961년 최초 유인 우주선 비행에 성공하면서 점점 박차를 가했지요. 하지만 실패도 많았어요. 지상 충돌, 우주선 폭발, 화재 등으로 많은 사람들이 희생되기도 했어요. 1965년부터 시작한 화성 탐사도 예외는 아니었어요. 실패하지 않으려면 우주 탐사를 떠나

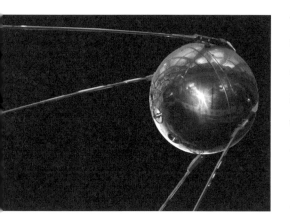

◀ 최초 인공위성 스푸트니크 1호 모형

기 전에 지구와 다른 행성 사이의 온도, 압력, 산소 차이를 정확하게 계산하고 예측해야 해요. 이때 바로 함수가 쓰여요. 지구와 행성 사이의 관계를 함수식으로 나타내 변하는 조건에 따라 결과를 예측할 수 있거든요. 예를 들어 매일매일 달라지는 지구의 온도를 기준으로 달라지는 화성의 온도를 알아내는 식을 만들 때 함수가 꼭 필요해요.

큐리오시티 착륙 7분 전

실제로 큐리오시티의 발사와 착륙 과정에서 함수는 아주 중요한 역할을 했어요. 큐리오시티의 착륙 전 7분은 매우 긴박한 순간이었어요. 큐리오시티는 시속 2만km로 화성에 진입했어요. 만약 이 속도로 화성에 착륙하면 큐리오시티는 산산조각 날 게 뻔했어요. 그래서 착륙 속도를 조절하는 일은 굉장히 중요했어요.

이에 큐리오시티는 여러 단계를 거쳐 속도를 조절했어요. 먼저 큐리오시티는 착륙 속도를 조절하기 위해 실시간으로 지표면까지의 거리를 감지하고 계산했어요. 그런 다음 적절한 거리에서 보호 캡슐을 씌워 화성 표면의 열기로부터 본체를 보호하고, 속도를 초속 405m까지 줄였어요. 이어서 바로

■ **큐리오시티 화성 착륙 과정**

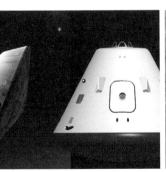

① 적절한 거리에서 보호 캡슐을 씌워 본체를 보호하고, 본체의 속도를 초속 405m까지 줄인다.

② 낙하산을 펼쳐 본체 속도를 초속 80m까지 줄인다.

③ 스카이 크레인이 작동해 안전한 속도로 착륙할 수 있도록 돕는다.

낙하산을 펼쳐 속도를 초속 80m까지 줄였고, 마지막으로 로켓 엔진에 달린 스카이 크레인을 작동시켜 큐리오시티를 안전한 속도로 화성에 착륙시켰어요.

큐리오시티의 마지막 7분은 속도에 따라서 거리가 바뀌는 것을 정확히 예측해 착륙 속도를 조절해야 하는 매우 중요한 순간이었어요. 이렇게 변화하는 두 값 사이의 관계를 찾아내고, 이 결과로 변화를 예측할 때 바로 함수가 쓰여요.

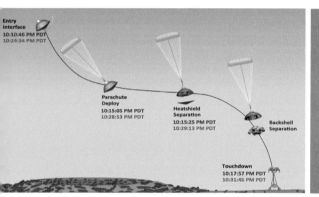 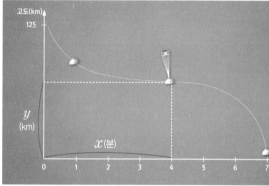

▲ 큐리오시티의 착륙 과정은 시간과 고도 사이의 함수 관계로 설명할 수 있다.

큐리오시티가 화성 지표면에 착륙하는 과정은 함수로 설명할 수 있어요. 시간이 지날수록 고도는 줄어드는 관계예요. 따라서 시간을 x, 고도를 y로 하고 함수식을 세워 변화를 그래프로 나타내면 위의 그래프가 돼요.

큐리오시티는 앞으로 10여 년간 화성의 중요한 자료를 지구로 보내 줄 예정이에요. 함수가 머나먼 우주 탐사의 길을 안전하고 정확하게 안내하는 중요한 도구가 된 셈이지요.

008

생활의 달인, 함수

똑똑한 소비를 돕는 함수

천둥과 번개 사이의 관계를 분석하면
번개가 칠 위치를 예측해
감전 사고나 화재 사고를 예방할 수 있다.

에너지와 사용량의 관계를 나타낸
에너지소비효율등급을 제대로 알고 전자제품을 사용하면,
전기 절약을 효과적으로 실천할 수 있다.

이렇게 일상생활에서 어떤 둘 사이의
관계를 분석하고 이해할 때
함수를 사용한다.

번개가 친 곳의 위치

보통 번개가 번쩍 친 뒤 천둥 소리가 들릴 때까지 얼마만큼의 시간이 걸려요. 빛의 속도와 소리의 속도가 다르기 때문이에요. 번개는 전 세계적으로 매년 약 2500만 번 정도 치는데, 대기 중의 온도와 습도, 구름의 상태를 알면 번개가 언제 어디서 치는지 예측할 수 있어요. 이 예측으로 감전 사고나 화재 사고 등을 예방할 수 있어요.

천둥과 번개 사이의 시간을 재 보면 얼마나 멀리 떨어진 곳에서 번개가 쳤는지 알 수 있어요. 번개가 친 뒤 천둥 소리가 들리기까지 걸린 시간을 x, 번개의 위치를 y라고 해요. 소리는 1초에 약 340m를 이동하므로, 만약 천둥 소리(x)가 1초 뒤에 들렸다면 번개(y)는 340m 떨어진 곳에서 친 거예요. 천둥 소리(x)가 2초 뒤에 들렸다면 번개는 680m 떨어진 곳에서, 4초 뒤에 들렸다면 1360m 떨어진 곳에서 친 거예요. 이를 그래프로 나타내면, 정비례 그래프가 돼요. 즉 번개가 친 뒤 천둥 소리가 늦게 들릴수록 번개는 더 멀리 떨어진 곳에서 친 것이라는 것을 알 수 있어요.

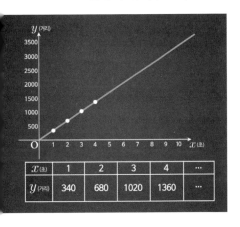

x (초)	1	2	3	4	...
y (거리)	340	680	1020	1360	...

에너지 절약은 함수로부터

전자제품은 크기와 가격, 성능, 디자인에 따라 종류가 정말 다양해요. 요즘은 에너지소비효율등급에 따라 가격이나 성능이 달라지기도 하지요.

'에너지소비효율등급'이란 전자제품의 에너지 사용량에 따라 1등급부터 5등급까지 구분해서 표시한 걸 말해요. 에너지소비효율등급이 1등급에 가까울수록 에너지 절약 효과가 높아요.

그럼 성능은 비슷하지만 에너지소비효율이 1등급이고 가격이 비싼 A냉장고와 에너지소비효율이 4등급이고 가격이 싼 B냉장고가 있다면, 두 냉장고 중에서 어떤 냉장고를 사는 게 더 이익인 걸까요?

먼저 A냉장고의 전기요금을 계산해 볼게요. 사용하는 사람마다 실제 사용 전력량은 다르겠지만, A냉장고의 1개월 사용 전력량이 고정적으로 29.6kWh라고 두고, 이를 기준으로 사용한 달까지 누적 전기요금을 계산하는 함수식을 만들어 봅시다.

냉장고를 사용한 개월 수는 x, 사용 개월 수에 따른 전기요금은 y, 1kWh마다 내야 하는 전기요금은 220원이에요. 그러면 사용 개월 수에 따른 전기요금 y는 한 달 사용 전력량과 kWh당 전기요금을 곱한 값에 기본요금 3850원을 더한 뒤 사용한 기간 x를 곱하면 계산할 수 있어요. 이것을 식으로 나타내면 $y=\{(29.6 \times 220)+3850\} \times x$이 돼요. 이 식으로 계산한 1개월간 사용한 전기요금은 1만 362원, 2개월간 사용한 전기요금은 2만 724원, 1년 동

$$y = \{ (29.6 \times 220) + 3850 \} \times x$$

x (사용 개월 수)	1	2	3	...	12
y (원)	10362	20724	31086	...	124344

안 사용한 전기요금은 12만 4344원이 돼요.

같은 조건에서 B냉장고 전기요금을 계산해 볼까요. B냉장고의 1개월 사용 전력량을 고정적으로 39.9kWh로 두고, 같은 방법으로 식을 세워 1년 동안 사용한 전기요금 $\{(39.9 \times 220) + 3850\} \times 12$를 계산하면 15만 1536원이에요. 두 냉장고를 각각 1년 동안 사용한 전기요금의 차이는 2만 7192원이에요.

$$y = \{(39.9 \times 220) + 3850\} \times x$$

x(사용 개월 수)	1	2	3	…	12
y(원)	12628	25256	37884	…	151536

보통 냉장고는 한 번 사면 10년 정도 사용하므로, 결국 두 냉장고의 10년 동안 전기요금의 차이는 약 27만 원인 셈이에요.

그렇다면 이제 다시 가격 조건을 살펴보도록 해요. 만약 A냉장고와 B냉장고의 가격이 30만 원 정도 차이가 난다면, 어느 냉장고를 사던지 지출은 비슷해져요. 다시 말해 A냉장고가 B냉장고보다 가격이 30만 원 정도 더 비싸다고 해도, 전기요금이 약 27만 원 정도 싸므로 결국 비슷한 조건인 거예요. 이럴 땐 더 마음에 드는 디자인을 선택하면 돼요.

그러나 냉장고 사용 기간이 짧다면 전기 요금의 차이가 크게 나지 않으므로 가격이 저렴한 쪽을 택하고, 가격 차이가 거의 나지 않는다면 에너지소비효율이 좋은 쪽을 택하는 게 좋아요. 이렇듯 함수는 생활 속에서 현명한 소비를 돕는 역할을 해요.

009

생활 속에 숨어 있는 포물선

이차함수 그래프와 최댓값, 최솟값

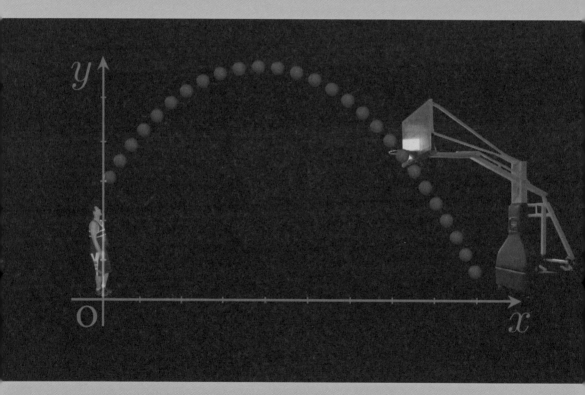

서로 공을 주고받을 때도
포탄을 날리는 게임을 할 때도
우리는 알게 모르게
생활 속에서 많은 흔적을 포물선으로 남긴다.

방송 수신용 접시 모양 안테나,
반사 망원경,
자동차 헤드라이트와 같은
일상생활 속 물건에서도 포물선이
활용되고 있다.

포물선의 성질을 활용하면
각각의 기능을 최대로 이끌어 낼 수 있기 때문이다.

$$y = ax^2 + bx + c$$

$$(단, a \neq 0)$$

이차함수
y가 x의 이차식으로 표시될 때
y를 x의 이차함수라고 함

농구 속에 숨어 있는 포물선

농구 선수가 3점슛 라인에서 슛을 준비해요. 심호흡을 하더니 단숨에 성
공하네요. 이때 공이 날아가는 모양을 살펴보니 골대를 향해 포물선을 그리
고 있어요. 포물선 모양을 식으로 나타내려면 어떻게 해야 할까요?

y가 x에 대해 $y=ax^2+bx+c$(단, $a \neq 0$) 꼴로 표현할 수 있는 함수를 이차함
수라고 해요. 이차함수의 가장 간단한 일반식은 $y=ax^2$(단, $a \neq 0$) 꼴이에요.
이차함수 그래프는 a의 부호에 따라 다르게 그려져요. $a>0$일 때는 아래로
볼록한 포물선이, $a<0$일 때는 위로 볼록한 포물선이 그려지지요. 또 a값
이 0에 가까울수록 넓은 접시 모양의 포물선이, 0에서 멀어질수록 뾰족한
모양의 포물선이 그려져요.

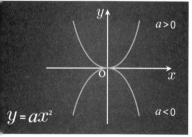

▲ $y=ax^2$일 때,
 $a>0$이면 아래로 볼록
 $a<0$이면 위로 볼록

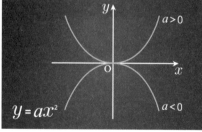

▲ a값이 0에 가까울수록 넓은 접시 모양

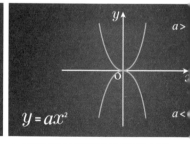

▲ a값이 0에서 멀어질수록 뾰족한 모양

이제 농구 선수가 던진 공을 살펴볼
까요?
공의 움직임이 위로 볼록한 모양이
었으므로, 이 포물선은 $a < 0$이고,
$y = ax^2 + bx + c$ 꼴의 이차함수로 나

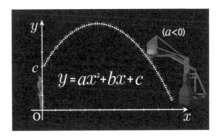

타낼 수 있어요. 여기서 y축과 만나는 점 c는 선수가 슛을 던진 높이에요.

물 로켓과 다이빙에 숨겨진 이차함수의 최댓값, 최솟값

$y = ax^2 + bx + c$ 꼴의 이차함수 그래프는 포물선이 아래로 볼록하면 최솟값
이 생기고, 위로 볼록하면 최댓값이 생겨요.
예를 들어 물 로켓을 하늘로 쏘아 올리면, 물 로켓이 제일 높이 올라간 지점
이 바로 최댓값이 돼요. 반대로 다이빙 선수는 물속으로 들어갔다가 수면
위로 올라오게 되는데, 선수가 머물렀던 가장 깊은 지점이 바로 최솟값이에
요. 여기서 물 로켓이나 다이빙 선수의 움직임은 모두 이차함수로 표현할
수 있는 포물선 움직임이에요.

아래 그림에서 물 로켓은 x가 p이고, y가 q일 때 가장 높이 올라가요. 이 점
(p, q)가 물 로켓 포물선의 최댓값이에요. 반대로 다이빙 선수는 x가 p이
고, y가 q일 때 가장 깊은 지점으로 내려가요. 이 점 (p, q)가 다이빙 포물
선의 최솟값이에요.

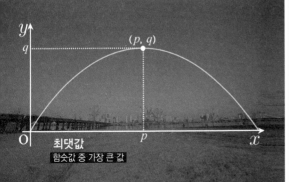

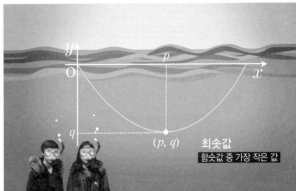

이처럼 포물선 모양에 따라 점 (p, q)는 최댓값 또는 최솟값이 돼요. 이 점을 '이차함수 그래프의 꼭짓점'이라고 불러요. $y=ax^2+bx+c$ 꼴의 함수는 꼭짓점을 한눈에 알기 어려워요. 만약 이 식을 $y=a(x-p)^2+q$ 꼴과 같은 완전제곱식으로 바꾸면, 이 함수의 꼭짓점은 (p, q)라는 걸 한눈에 알 수 있어요. a가 0보다 크면 최솟값이 되고, 0보다 작으면 최댓값이 돼요.

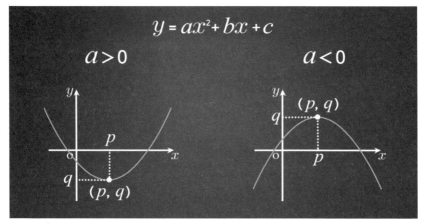

▲ $y=ax^2+bx+c$에서 이차함수 그래프의 꼭짓점 (p, q)는 $a>0$이면 최솟값, $a<0$이면 최댓값이 된다.

이차함수로 보는 철새의 비행

먼 거리를 이동하는 철새는 본능적으로 에너지를 조절하며 비행해요. 속도도 컨디션에 따라 조절해요. 너무 빨리 날면 산소 소모량이 많아져서 그만큼 빨리 지치게 되거든요. 반면 너무 천천히 날면 산소 소모량은 적어지지만, 추락하는 일이 생기게 돼요.

이때 철새의 비행 속도와 산소 소모량의 관계에서 최솟값을 안다면 철새에게 필요한 최소 산소 소모량을 알 수 있어요.

예를 들어 철새의 비행 속도(x)와 산소 소모량(y) 사이의 관계식을 $y=1.96x^2-130x+2920$이라고 하면, 이 관계식에서 1.96을 $\dfrac{49}{25}$로 바꿔서

철새 비행 속도=x
산소 소모량=y

$$y = 1.96x^2 - 130x + 2920$$

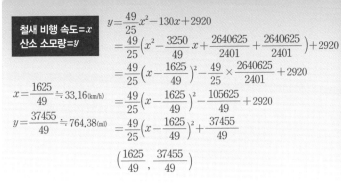

철새 비행 속도=x
산소 소모량=y

$$y = \frac{49}{25}x^2 - 130x + 2920$$
$$= \frac{49}{25}\left(x^2 - \frac{3250}{49}x + \frac{2640625}{2401} + \frac{2640625}{2401}\right) + 2920$$
$$= \frac{49}{25}\left(x - \frac{1625}{49}\right)^2 - \frac{49}{25} \times \frac{2640625}{2401} + 2920$$
$$= \frac{49}{25}\left(x - \frac{1625}{49}\right)^2 - \frac{105625}{49} + 2920$$
$$= \frac{49}{25}\left(x - \frac{1625}{49}\right)^2 + \frac{37455}{49}$$

$$\left(\frac{1625}{49}, \frac{37455}{49}\right)$$

$$x = \frac{1625}{49} ≒ 33.16 \text{(km/h)}$$
$$y = \frac{37455}{49} ≒ 764.38 \text{(ml)}$$

완전제곱식 $y = \frac{49}{25}\left(x - \frac{1625}{49}\right)^2 + \frac{37455}{49}$ 으로 만들면, 그래프를 그리지 않고도 최솟값 $\left(\frac{1625}{49}, \frac{37455}{49}\right)$ 를 구할 수 있어요.

따라서 철새의 최소 비행 속도는 시속 33.16km이고, 최소 산소 소모량은 764.38ml예요. 즉 철새가 시속 33.16km로 날 때 최소로 필요한 산소 소모량은 764.38ml인 것이죠. 만약 철새의 비행 속도나 산소 소모량이 이 최솟값보다 아래로 내려간다면, 철새는 정상적인 비행이 어렵겠지요.

생활 속 포물선의 활용

우리 생활에서도 포물선이 쓰이는 물건을 쉽게 발견할 수 있어요. 그중 가장 대표적인 것이 전파를 탐지하는 접시 모양의 안테나예요. 이 안테나는 '포물면 안테나' 또는 '파라볼라 안테나'라고 불러요. 안테나 표면이 둥근 포물면으로 돼 있어서 붙여진 이름이에요.

파라볼라 안테나는 멀리서 평행하게 들어오는 빛이나 전파를 면에 반사시켜 한점에 모이게 하는 포물선의 독특한 성질을 적극 활용했어요. 덕분에 전파를 더욱 뚜렷하게

파라볼라 안테나
멀리서 오는 빛이나 전파를 수신할 수 있도록 포물선 모양으로 만들어진 안테나

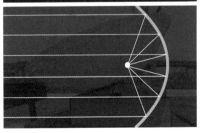

▲ 파라볼라 안테나는 포물선 성질을 이용해 전파를 한곳에 모은다.

수신할 수 있게 됐지요. 수학자들은 포물면이 빛을 한군데로 모으는데 가장 알맞다는 것을 이차함수와 미적분, 삼각함수를 이용해 수학적으로 증명했어요.

안테나가 포물선의 성질을 이용해 전파를 한곳으로 모으는 도구였다면, 손전등 안에 있는 반사판은 이 성질을 반대로 활용한 물건이에요. 포물선의 초점 위치에 전구를 놓고 빛을 밝히면, 반사판이 이 빛을 멀리 보내는 역할을 해요. 이것이 가능한 이유는 반사판이 포물면으로 만들어졌기 때문이에요. 이 원리로 자동차 전조등도 만들어진 거예요.

반사판이 없을 때
반사판이 있을 때

▲ 손전등의 반사판은 포물선의 성질을 이용해 빛을 퍼지게 한다.

포물면을 이용해 만든 무기

2세기 로마의 작가 루키아노스는 그리스 문학을 대표하는 사람이에요. 그의 기록에는 수학자와 얽힌 재미있는 이야기가 나와요.

> "기원전 214년. 제2차 포에니 전쟁 중이다. 포에니 전쟁은 로마와 고대
> 도시 중 하나였던 카르타고와의 전쟁이다. 제1차 전쟁에서 승리를 거둔
> 로마군이 그리스의 한 도시 시라쿠사를 다시 공격했다. 위기에 빠진 시
> 라쿠사는 수학자 아르키메데스에게 비상 대책을 논의한다.

▲ 1600년 경 이탈리아 건축가 겸 디자이너 줄리아 파리지가 그린 그림

　　사실 아르키메데스는 비장의 무기를 여러 개 가지고 있었다. 그중 하나
　　는 바로 빛과 거울을 이용한 죽음의 광선이었다. 시라쿠사는 아르키메
　　데스의 이것으로 정박 중이던 로마 전함을 불태워 버렸다. 거울을 태양
　　을 향하게 비춘 다음, 적당히 기울여 전함을 향해 반사시키는 원리를
　　이용한 것이다."

수학자 아르키메데스는 표면이 포물선 모양인 오목한 오목렌즈를 이용해
거대한 거울을 만들었어요. 여기에 태양빛을 반사시켜 한점에 모았지요. 그
러자 거울에서 반사된 태양빛이 한곳에 모여 불이 붙었어요. 이는 강력한
무기가 됐지요.
이는 포물선을 이용한 최초의 전쟁 무기로 불리지만, 진짜 있었던 일인지는
알 수 없어요. 하지만 수학자들이 오래전부터 실생활뿐 아니라, 무기를 제
작하는 데에도 수학의 원리를 충분히 이용했다는 것만큼은 사실이랍니다.

The book of Nature is written in the language of mathematics.

자연의 훌륭한 책은 수학의 언어로 쓰여져 있다.

· 갈릴레오 갈릴레이 ·

Part 2

통계에 관한
최소한의 수학지식

010

수학으로 여는 열쇠

경우의 수로 알아본 열쇠의 원리

재산을 따로 보관하면서 등장한 자물쇠.
지켜야 할 것들이 많아질수록 자물쇠도 매우 다양해졌다.
하지만 변하지 않는 하나.
자물쇠마다 그에 맞는 열쇠가 있다는 것.

열쇠는 홈의 개수와 홈의 깊이만 다르게 하면
서로 다른 열쇠를 만들 수 있다.
홈의 개수 4개, 홈의 깊이 5가지로 만들 수 있는
서로 다른 열쇠는 625가지가 된다.
즉 자물쇠 역시 625가지나 만들 수 있다는 사실.

소중한 재산을 지켜 주는 열쇠와 자물쇠,
그 안에는 '경우의 수'가 숨겨져 있다.

원시 시대 사람들은 자물쇠가 필요 없었어요. 재산이 없었기 때문에 도둑은 물론, 금고도 없었어요. 그러다 시간이 흘러 문명과 산업이 발달하자, 사람들은 점점 각자의 소중한 물건이 생기기 시작했어요. 크고 작은 소중한 물건들을 지키기 위해서는 '자물쇠' 같은 도구가 필요했지요. 이렇게 자물쇠는 사람들의 필요에 의해서 자연스럽게 등장했어요. 사람들은 점점 지키고 싶은 물건이  많아졌고, 다양한 크기와 종류의 자물쇠를 원했어요. 그러면서 자연스럽게 자물쇠와 그에 꼭 맞는 열쇠가 다양하게 발전했어요.

그럼 열쇠는 어떤 원리로 만드는 걸까요?

열쇠는 톱니 부분(요철)의 높낮이에 따라 열 수 있는 자물쇠가 달라져요. 따라서 열쇠를 만들려면, 가장 먼저 톱니를 어떤 모양으로 할지 결정해야 해요. 열쇠를 직접 만들면서 생각해 볼까요?

톱니는 A, B, C 세 부분이고, 톱니의 높이는 각각 O(깎지 않는 것) 또는 X(깎는 것) 두 단계로만 정할 수 있다고 가정해 봅시다. 이를 조합해 보면 모두 8종류의 열쇠를 만들 수 있어요. 이때 전체 경우의 수는 A부분 2가지, B부분 2가지, C부분 2가지이므로 2×2×2=8로 총 8가지예요.

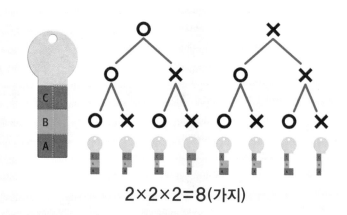

2×2×2=8(가지)

이번에는 톱니를 A, B, C, D 네 부분으로 해 볼까요? 높낮이는 똑같이 O 또는 X 두 단계예요. 그러면 A부분 2가지, B부분 2가지, C부분 2가지, D부분 2가지로 2×2×2×2=16, 모두 16가지의 서로 다른 열쇠를 만들 수 있어요.

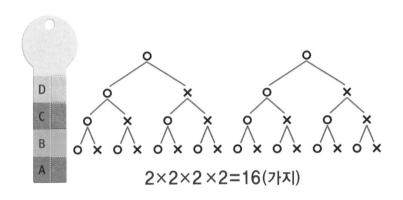

$$2×2×2×2=16(가지)$$

이처럼 열쇠는 톱니의 개수와 높낮이에 따라 만들 수 있는 개수가 달라져요. 톱니의 개수와 높낮이 단계까지 늘리면 모양은 비슷하지만 서로 다른 수천 가지의 열쇠를 만들 수 있어요.

만약 톱니가 5개, 높낮이가 5단계로 조절된

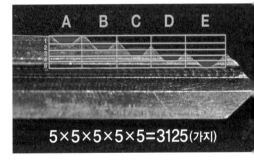

$$5×5×5×5×5=3125(가지)$$

다면, 만들 수 있는 열쇠의 경우의 수는 5×5×5×5×5=3125(가지)가 돼요. 조건에 따라 점점 전체 경우의 수가 늘어나는 것을 확인할 수 있지요?

▲ 자물쇠의 내부

▲ 꼭 맞는 열쇠는 자물쇠 내부의 핀들의 높이가 일정하게 맞춰져 자물쇠가 열린다.

▲ 맞지 않는 열쇠는 자물쇠 내부의 핀들의 높이가 맞지 않아 자물쇠가 열리지 않는다.

그렇다면 열쇠는 어떤 원리로 자물쇠를 여는 걸까요?

자물쇠의 내부를 살펴보면, 보통 4~5개의 핀들이 각각 길이가 다르게 분리되어 있어요. 열쇠를 넣었을 때 열쇠의 톱니 부분과 자물쇠 내부의 핀들의 분리된 면이 딱 맞물려서 자물통이 돌아가서 열리게 되는 거예요. 만약 맞지 않는 열쇠를 넣으면 열쇠의 톱니 부분과 자물통의 경계면 높이가 맞지 않아 자물쇠는 열리지 않게 되지요. 이런 원리로 자물쇠는 모양이 꼭 맞는 열쇠로만 열리는 거랍니다.

전자 번호 열쇠의 경우의 수

요즘에는 비밀번호를 입력해 문을 여는 디지털 도어락을 많이 사용해요. 비밀번호가 전자 번호 열쇠가 되는 거죠. 보통 0~9까지 10개의 숫자 중 몇 개를 골라 비밀번호를 정해요. 그리고 비밀번호를 순서대로 누르면 잠금 장치가 열리는 원리예요.

0~9까지 10개의 숫자 중에서 7자리로 비밀번호를 만드는 경우를 생각해 볼게요. 이때 1111과 같이 같은 숫자를 연속해서 누를 수 있느냐 없느냐에 따라 경우의 수

가 달라져요. 같은 숫자를 연속해서 누를 수 있다면 첫 번째부터 일곱 번째까지 비밀번호로 선택 가능한 숫자는 모두 10개이므로 $10 \times 10 \times 10 \times 10 \times 10 \times 10 \times 10 = 10000000$, 전체 경우의 수는 1000만 가지가 돼요. 만약 7자리 모두 다른 숫자로 비밀번호를 만들어야 한다면 두 번째부터는 비밀번호로 선택 가능한 숫자가 하나씩 줄어드니까 $10 \times 9 \times 8 \times 7 \times 6 \times 5 \times 4 = 604800$로 모두 약 60만 가지의 비밀번호를 만들 수 있어요. 보통 현관문 비밀번호는 7개 이상의 숫자를 사용하니까 실제로는 더 안전하다고 할 수 있죠.

전자 번호 열쇠는 기존 열쇠보다 경우의 수가 증가한 점에서도 안전하지만 3번 이상 비밀번호를 틀리면 경고음과 함께 몇 분간 작동을 멈춰요. 과학의 발달로 점점 더 안전한 자물쇠가 만들어지고 있는 셈이지요.

디지털 자물쇠

최근에는 열쇠와는 비교도 안 될 정도로 많은 경우의 수를 가진 첨단 자물쇠가 등장하고 있어요. 전기와 자석, 사진 등을 이용해 반도체 칩, 스마트 카드, 지문, 홍채 등 디지털 정보를 열쇠 대신 활용하는 자물쇠가 나타났어요.

예전에는 정부 기관이나 주요 시설에만 설치되던 지문과 홍채 인식과 같은 '생체 인식 기술 자물쇠'를 이제는 일반 아파트나 스마트 폰에서도 사용해요. 기존의 자물쇠보다 몇 배로 보안이 뛰어나고, 열쇠를 잃어버릴 염려나 누군가 내 열쇠를 가지고 있을 위험성이 전혀 없기 때문이에요.

오래전부터 사용된 자물쇠와 열쇠는 사용하는 곳과 쓰임새에 따라 다양한 모습으로 바뀌었을 뿐, 지금도 널리 쓰이고 있어요. 여전히 우리의 소중한 것을 지켜 주는 고마운 물건이지요. 가까운 미래에는 얼마나 더 안전한 자물쇠와 열쇠를 만날 수 있을지 더욱 궁금해지네요.

011

주사위 게임에서 시작된 확률

수학자가 전하는 가능성에 대한 이야기

수학에서 확률이란
'어떤 사건이 일어날 가능성을 수로 표현한 것'을 말한다.

내일 비가 올 가능성, 좋아하는 축구팀이 경기에서 이길 가능성,
주사위를 던져 짝수가 나올 가능성과 같이
가능성을 수로 나타낸 것이 바로 확률이다.

확률은 일어날 수 있는 모든 경우의 수에 대한
특정 사건이 일어날 경우의 수의 비로 구한다.

예를 들어 동전을 던져 앞면이 나올 확률은
동전을 던져 일어날 수 있는 모든 경우의 수 2가지(앞 또는 뒤)에 대한
앞면이 나올 경우의 수 1가지의 비인 $\frac{1}{2}$이다.

이런 확률은 도박과 같은
가능성을 예측하는 게임에서 시작됐다.

동전을 반복해
여러 번 던질 때
앞면이 나오는 상대도수가
전체의 $\frac{1}{2}$에 가까워진다

확률 연구의 시작은 주사위 게임

16세기 이탈리아의 수학자 지롤라모 카르다노는 도박이나 내기 게임을 좋아했어요. 카르다노는 직업이 의사였지만 점성술사, 도박사, 철학자, 수학자이기도 했어요.

보통 사람들이 그저 게임을 즐기는 데 집중했다면, 카르다노는 어떻게 하면 게임에서 이길 수 있는지를 연구했어요. 특히 주사위 게임을 즐겼는데, 그 과정에서 공정한 주사위 게임의 법칙을 발견했어요. 그가 1563년에 쓴 「주사위 놀이에 대하여」라는 책은 수학의 한 분야인 확률의 기초가 됐지요.

카르다노는 종종 수학 연구를 핑계 삼아 도박을 즐겼는데, 중독이 의심될 만큼 푹 빠져 살았다고 해요.

도박에서 시작된 확률론

17세기 프랑스의 수학자 도박사 드 메레는 그의 친구인 수학자 파스칼에게 도박에 관한 문제를 보내 조언을 구했어요. 그리고 파스칼은 유명한 수학자 페르마와 편지를 주고 받으며 이 문제를 풀어나갔어요.

여러 문제 중 하나는 실력이 같은 두 사람이 승부가 나기 전 게임을 그만두었을 때 내기의 돈을 공정하게 나누는 방법이고, 다른 하나는 다음과 같은 주사위에 관한 문제예요.

블레즈 파스칼
1623~1662
프랑스 수학자, 물리학자,
철학자, 신학자

"내가 요즘 즐기는 주사위 게임이 두 가지가 있네. 첫 번째 게임은 주사위 1개를 4번 던져서 6이 적어도 1번 나오면 이기는 게임일세. 또 두 번째 게임은 주사위 2개를 24번 던져서 (6, 6)이 적어도 1번 나오면 이기

는 게임이야. 두 게임 중에 어떤 게임을 해야 더 유리한가? 난 자네의

생각을 듣고 싶네."

파스칼과 페르마는 드 메레가 소개한 두 게임에서 이길 확률을 구했어요.
첫 번째 게임에서 이길 확률은 약 $0.518(1-\left(\frac{5}{6}\right)^4 ≒ 0.518)$이었고, 두 번째 게임
에서 이길 확률은 약 $0.491(1-\left(\frac{35}{36}\right)^{24} ≒ 0.491)$였어요. 첫 번째 게임이 확률적
으로는 조금 유리한 상황이었어요. 하지만 전해 내려오는 이야기에 따르면,
안타깝게도 드 메레는 두 번째 게임에서 전 재산을 잃고 말았다고 해요.
당시 도박사들은 이런 확률의 차이를 잘 알지 못했어요. 사실 확률의 차이
를 알았더라도 그 차이가 워낙 작아서 게임의 결과는 어디까지나 운에 의해
결정됐겠지요. 이렇게 도박이나 게임에서 이길 가능성에 대한 연구가 오늘
날의 확률의 시작이 되었어요.

수학적 확률 vs 통계적 확률

수학의 명문가 베르누이 가문 출신인 17세기
스위스의 수학자 자코브 베르누이는 파스칼, 페
르마 뒤를 이어 '조합'이라는 개념을 이용해 확
률론을 발전시켰어요. 서로 다른 n개에서 순서
를 생각하지 않고 r개를 뽑는 것으로 'n개에서 r
개를 택하는 조합'이라고 말해요. 오늘날에는 이
개념을 공식으로 정리해서, 확률을 간편하게 구
하는 데 쓰여요.

자코브 베르누이
1654~1705
스위스 수학자

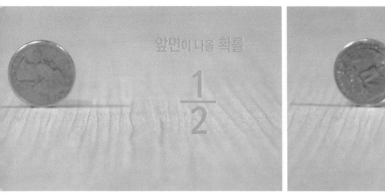

앞면이 나올 확률 $\dfrac{1}{2}$

뒷면이 나올 확률 $\dfrac{1}{2}$

또 베르누이는 '큰 수의 법칙'을 발견했어요. 예를 들어 누군가 동전을 던졌을 때 앞면이 나올 확률에 대해 묻는다면 대부분 서슴없이 $\dfrac{1}{2}$이라고 말할 거예요. 여기서 $\dfrac{1}{2}$은 '수학적 확률'이에요. 이론에 따라 계산된 값이지요.

동전을 1000개 던졌을 때

동전을 던진 횟수	100	200	300	400	500	600	700	800	900	1000
앞면이 나온 횟수	48	106	173	215	268	327	370	412	462	508
상대도수	0.48	0.53	0.577	0.538	0.536	0.545	0.529	0.515	0.513	0.508

실제로 동전을 10번 던지면 앞면은 정확히 5번만 나올까요?
물론 5번이 나올 수도 있지만, 때론 10번 다 앞면이 나올 수도 있고 반대로 10번 다 뒷면이 나올 수도 있어요. 이것을 '통계적 확률' 또는 '경험적 확률'이라고 해요.
그렇다면 동전을 1000번 던지면 어떻게 될까요? 정확하게 앞면과 뒷면이

500번씩 나오진 않겠지만, 아마 500에 가까운 수가 나오게 될 거예요. 이것이 바로 '베르누이의 큰 수의 법칙'이에요. 던지는 횟수가 무척 커지면 앞면이 나올 확률이 수학적 확률에 가까워진다는 이야기예요.

베르누이 뒤를 이어 18세기 프랑스의 수학자 피에르 라플라스는 확률에 통계학을 접목해 역사에 새로운 업적을 남겼어요. 그래서 사람들은 라플라스를 '근대 확률론의 창시자'라고 불러요.

피에르 라플라스
1749~1827
프랑스 천문학자, 수학자

확률은 아주 사소한 게임에서 출발했지만, 오늘날엔 새로운 기술을 개발하는 발판이 됐어요. 우리는 삶을 살면서 매 순간 선택의 순간에 놓이며, 때마다 확률이 높은 쪽을 선택하려 해요. 이렇게 확률은 더 나은 선택을 돕는 고마운 도구랍니다.

012

머피의 법칙

알고 보면 자연스러운 현상

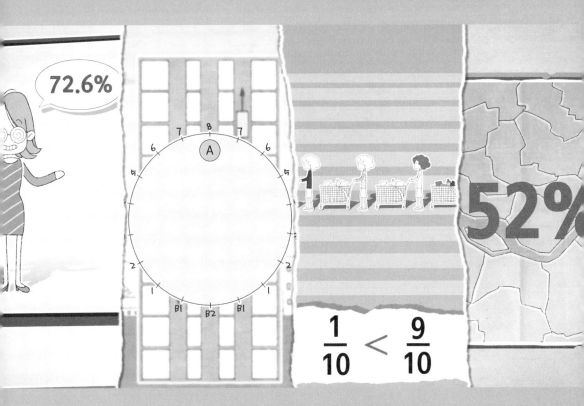

미리 우산을 챙긴 날엔 비가 오지 않고,
식빵은 하필 잼 발린 쪽으로 떨어지고,
급하게 양말 더미에서 고른 양말이 짝짝이라니….

이렇게 일이 잘 풀리지 않고 꼬이기만 할 때,
우리는 '머피의 법칙'을 떠올린다.

머피의 법칙은
미국 공군기지에서 근무하던 머피 대위가
계속 실패하는 실험의 원인을
아주 사소한 곳에서 발견하면서 처음 사용한 말이다.

머피 대위는 안 좋은 일을
미리 대비해야 한다는 뜻으로 썼지만
시간이 흐르면서 사람들은
일이 잘 풀리지 않을 때
머피의 법칙을 운운하기 시작했다.

하지만 머피의 법칙은
알고 보면 꽤 자연스러운 현상이다.
불운이 아닌, 일어날 확률이 높은 상황이 일어난 것이기 때문이다.

머피의 법칙의 유래

1949년 미국 공군기지에서 엔지니어로 일하던 머피 대위는 부대에서 다양한 실험을 하곤 했어요. 그러던 어느 날 계속 실패하던 실험의 원인을 아주 사소한 곳에서 찾게 됐어요.

머피 대위는 문득 문제를 해결하는 방법은 여러 가지가 있고, 그중에는 실패를 일으킬 수 있는 방법도 있다는 사실을 깨달았어요. 그런데 누군가는 꼭 실패를 일으키는 방법으로 실험을 돕곤 했지요. 머피 대위는 이런 상황을 투덜대며, 실패할 경우를 미리미리 대비해야 한다는 뜻으로 '머피의 법칙'이라는 말을 처음 사용했어요.

훗날 사람들은 일이 잘 풀리지 않고 계속해서 꼬이는 일이 생길 때 '나에게 머피의 법칙이 통했다'와 같은 표현을 사용하기 시작했답니다.

우산을 챙긴 날, 머피의 법칙

왜 가방에 우산이 있는 날엔 비가 오지 않고, 가방이 무거워서 1년 내내 넣고 다니던 우산을 꺼낸 바로 그 날 하필 비가 오는 걸까요? 혹시 머피의 법칙이 적용된 걸까요?

우리나라는 평균적으로 1년 중에 비가 오는 날은 많아야 100일 정도예요. 그러니 1년 중에 비가 오지 않는 날은 265일로, 1년 동안 비가 오지 않을 확률은 $\frac{265}{365}$로 약 72.6%예요.

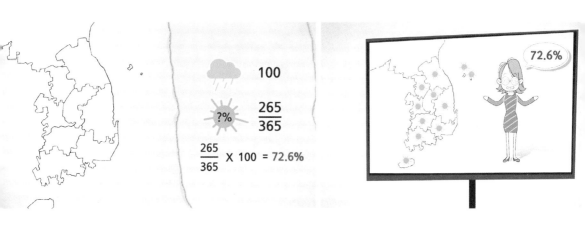

만약 누군가가 1년 내내 무조건 비가 오지 않는다는 엉터리 일기예보를 했다고 해도 이 일기예보의 정확도는 72.6%나 된다는 말이지요.

사실 이런 일은 비가 오는 날보다 비가 오지 않는 날이 훨씬 더 많아서 생기는 자연스러운 현상인 거예요.

엘리베이터와 머피의 법칙

지하 2층에서 지상 8층까지 운행하는 엘리베이터가 3대나 있어요. 그런데 엘리베이터가 전부 같은 층에 머물러 있네요. 10개의 층을 운행해야 하는 엘리베이터 3대가 모두 한 층에 머물러 있다니, 어쩜 이렇게 운이 없을까요?

지하에서 지상까지 운행하는 엘리베이터 3대를 원 위에 그려 나타내 봐요. 원을 같은 간격으로 나눠 각각 층을 표시하고, 엘리베이터는 원 위를 움직이는 작은 원으로 표현했어요. 3대의 엘리베이터가 모두 같은 방향과 같은 속도로 움직인다고 가정하면, 세 점은 120°를 유지하면서 원 위를 움직일 거예요.

하지만 현실은 달라요. 만약 4층에 엘리베이터를 기다리는 사람이 많다면, 제일 먼저 4층에 도착한 A엘리베이터는 많은 사람을 태워야 하므로 4층에 머무는 시간이 길어져요. 4층에서 오래 머문 만큼 다른 층에서 기다리는 사람들도 많아지고, 계속해서 연쇄 작용으로 5층에서도, 6층에서도 조금씩 머무는 시간이 길어지게 돼요. 이렇게 운행 속도가 느려진 A엘리베이터는 정상 속도로 운행하고 있는 B엘리베이터와 간격이 좁혀지고, 결국 같은 층에서 만나게 돼요. C엘리베이터도 이내 같은 일이 일어나 엘리베이터 3대가 모두 한 층에서 만나는 일이 자주 일어나게 되는 거예요.

줄 서기와 머피의 법칙

마트 계산대에서 처음에 가장 짧은 줄을 선택해서 줄을 섰어요. 하지만 잠시 뒤 주위를 둘러보니 내가 선 줄이 가장 길어요. 이게 어떻게 된 일일까요?

$$\frac{1}{3} < \frac{2}{3}$$

$$\frac{1}{10} < \frac{9}{10}$$

만약 마트에 계산대가 3개 있고, 그중 하나의 계산대에 줄을 섰다면, 내가 선 줄이 가장 빨리 줄어들 확률은 $\frac{1}{3}$이에요. 반면 나머지 줄이 더 빨리 줄어들 확률은 $\frac{2}{3}$이에요. 내가 서지 않은 줄이 빨리 줄어들 확률이 내가 선 줄보다 무려 2배나 높아요.

이 현상은 마트에 계산대가 많을수록 더 심해져요. 마트에 계산대가 10개가 있다면, 같은 원리로 내가 선 줄보다 다른 줄이 더 빨리 줄어들 확률이 9배나 높아지거든요.

다시 말해, 늘 다른 줄이 먼저 줄어드는 건 머피의 법칙이 아니라 확률적으로 봤을 때 당연한 일이라는 거예요.

지도 찾기와 머피의 법칙

왜 항상 내가 찾으려는 곳은 지도의 가장자리에 있을까요?

지도가 가로 20cm, 세로 10cm로 그 넓이가 200cm²일 때, 만약 내가 찾으려는 곳이 가장자리로부터 1cm 안에 있다고 생각해 보세요. 이 정도라면 별로 문제되지 않을 거예요.

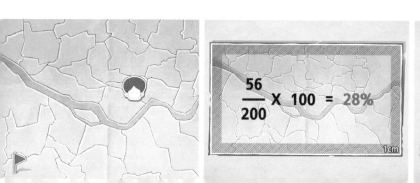

$$\frac{56}{200} \times 100 = 28\%$$

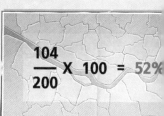

$$\frac{104}{200} \times 100 = 52\%$$

그런데 이 가장자리의 넓이를 계산해 보면 56cm²가 돼요. 지도에서 약 28%를 차지하는 부분이지요. 그렇다면 내가 찾으려는 곳이 가장자리로부터 2cm 안에 있다고 생각하면 결과가 어떻게 달라질까요? 2cm까지 범위를 확장하면, 이 부분은 지도의 약 52%를 차지해요. 확률이 절반을 넘어 버려요. 결국 어떤 여행을 하든지 이런 불편한 일이 일어날 확률이 생각보다 높아지는 거예요.

이처럼 머피의 법칙이라고 생각했던 일들을 수학적으로 생각해 보면, 더 이상 운에 의한 결과가 아니라 으레 일어날 수 있는 하나의 사실이 돼요. 그러니까 일이 안 풀려 머피의 법칙이 떠오를 때는 다른 사람도 모두 마찬가지라는 것을 잊지 마세요.

013 /

죄수의 딜레마
믿느냐 마느냐 그것이 문제로다

자신의 이익만 고려한 선택이
결국 자신에게도 상대방에게도
불리한 결과를 이끌어 내는 상황을
'죄수의 딜레마'라고 한다.

때때로
상대방의 선택과 상관없이
자신에게 **최선인 결과**를 선택하는 것마저
서로에게 좋지 않은 결과를 가져올 때가 있다.

이러한 딜레마 상황을 극복하려면
서로에 대한 **신뢰**를 바탕으로
서로에게 **최선인 선택**을 해야 한다.

선택의 조건

금고털이범 안열려 씨는 친구 나공범 씨와 함께 체포됐어요. 경찰은 안열려 씨와 나공범 씨를 독방에 가두고 각자에게 특별한 제안을 했어요.

> "당신이 계속 묵비권을 행사해도, 당신은 어차피 3년은 감옥에 가야 해. 그런데 당신만 범행을 자백하면 당신은 석방, 당신만 계속 묵비권을 행사하면 가중처벌로 10년형을 받게 될 거야. 만약 둘 다 범행을 자백하면, 정상참작해서 각자 5년형을 받도록 해 주지."

안열려 씨는 경찰의 제안을 차분히 생각해 봤어요. 안 씨는 묵비권을 행사하거나 자백을 할 수 있어요. 친구 나 씨도 마찬가지예요. 두 사람은 각자 2가지 상황을 선택할 수 있고, 결과는 4가지 중에 하나가 될 거예요.

먼저, 둘 다 묵비권을 행사하면 둘 다 3년형을 받게 돼요. 그런데 만약 안 씨가 범행을 자백하고 나 씨가 묵비권을 행사하면, 안 씨는 석방되고 나 씨는 10년형을 받아요. 반대로 나 씨가 범행을 자백하고 안 씨가 묵비권을 행사하면, 나 씨는 석방되고 안 씨는 10년형을 받아요. 만약 둘 다 범행을 자백하면, 두 사람 모두 각각 5년형을 받게 되지요.

정리한 표를 보면, 안 씨와 나 씨의 최선의 선택은 둘 다 묵비권을 행사하고 3년형을 받는 거예요. 하지만 두 사람은 모두 자백을 하고, 5년 형을 받았다고 해요. 두 사람은 왜 이런 선택을 한 걸까요?

죄수의 딜레마

사실 안 씨와 나 씨는 쉽게 묵비권을 행사하지 못해요. 서로를 믿지 못하기 때문이에요. 만약 자신이 묵비권을 사용한다고 해도, 상대방이 자백하면 가중처벌을 받게 되니까요. 그래서 결국 두 사람은 각자 자신에게만 유리한 결정을 내린 거예요. 안 씨 입장에서 나 씨가 묵비권을 행사했을 때 안 씨도 침묵하면 3년형, 자백하면 석방이 돼요. 즉 나 씨가 묵비권을 행사했을 때 안 씨에게 유리한 선택은 자백이에요. 반대로 나 씨가 자백하는 경우에는 안 씨가 묵비권을 행사하면 10년형, 같이 자백하면 5년형을 받아요. 즉 나 씨가 자백할 경우에 안 씨의 유리한 선택도 자백이에요.

나 씨 또한 안 씨가 어떤 선택을 하든지 자신에게 유리한 결과를 선택한 거예요. 결국 두 사람은 자백을 선택한 것이고 안 씨와 나 씨 두 사람은 3년형이 아닌 5년형을 받게된 것이죠.

이처럼 자신의 이익만을 생각하다 결국 자신도 상대방도 좋지 않은 결과를 얻는 상황을 '죄수의 딜레마'라고 해요.

죄수의 딜레마에서 벗어날 수 있는 방법은 믿음을 선택하는 거예요.

▲ 자신에게 유리한 선택을 하다가 자신도 상대도 좋지 않은 결과를 얻은 상황을 '죄수의 딜레마'라고 한다.

014

통계로 세상을 치료한 나이팅게일

미래를 예측하는 통계의 중요성을 증명하다

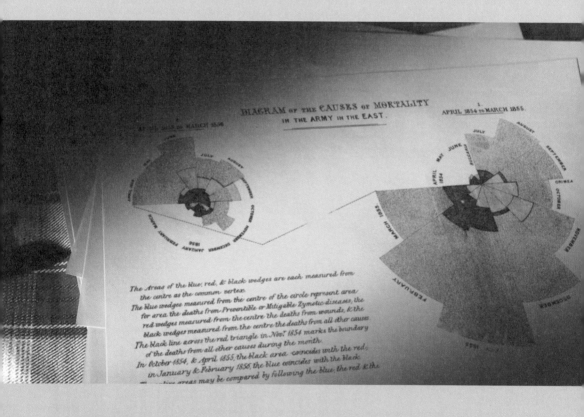

백의의 천사 **나이팅게일은**
근대 간호학의 창시자이자,
사회 통계 활용의 개척자다.

크림 전쟁에서 나이팅게일은
장미 그림이라는 통계 그래프로
목숨이 위태로운 많은 환자를 살렸다.

어떻게 통계로 사람을 살릴 수 있을까?

나이팅게일은 열악한 치료 환경을 통계 그래프를 그려 정부에 알리고, 병원 시설과 환경을 개선하는 데 필요한 정부 지원을 받았다.

이 같은 노력으로 크림 전쟁의 사망률은
6개월 만에 42%에서 2%로 뚝 떨어졌다.

나이팅게일은 자료를 분석해 이를 바탕으로
미래를 예측하는 통계의 중요성을 몸소 보여 준 사람이다.

크림 전쟁 1853~1856
러시아가 크림반도와 흑해를 얻기 위해 영국, 프랑스 등과 벌인 전쟁

통계로 사람을 살리다

　1853년 흑해 크림반도에서 러시아와 영국, 프랑스 연합국 사이에는 전쟁이 일어났어요. 전쟁이 일어났으니 당연히 많은 군인들이 안타깝게 목숨을 잃었어요. 그런데 전쟁터에서 바로 죽은 군인의 수보다 병원으로 실려와 죽은 군인의 수가 더 많았어요.

당시 연합군 야전병원에서 일하던 영국의 간호사 나이팅게일은 그 이유가 궁금했어요. 나이팅게일은 환자들의 입퇴원 기록, 사망자 수, 병실의 청결 상태까지 병원에서 일어나는 모든 일을 기록해 정리하기 시작했어요.

자료를 수집하고 분석한 결과, 나이팅게일은 병원의 위생 상태가 나빠서 생긴 질병이 전염병으로 퍼져 죽는 경우가 많다는 사실을 깨닫게 됐어요. 이를 알리기 위해 800쪽이 넘는 보고서를 쉽게 파악하고 이해할 수 있도록 그래프로 만들었어요.

원을 12개로 나눠서 달마다 사망한 군인들의 사망 원인을 분류해 그 수를 표시했어요. 원 가장 바깥쪽은 병원에서 전염병에 걸려 죽은 군인의 수로, 예방만 했다면 죽지 않았을 환자 수를 나타냈어요. 가운데는 전쟁터에서 치명적인

▲ 나이팅게일. 크림 전쟁에서 활약한 영국 간호사로 '백의의 천사'라 불린다.

부상으로 죽은 군인의 수, 가장 안쪽은 여러 가지 기타 이유로 죽은 군인의 수를 나타냈어요.

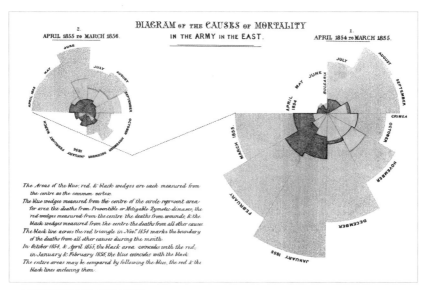

▲ 나이팅게일이 만든 통계 그래프

나이팅게일은 1854년부터 2년 동안 자료를 조사했어요. 그래프를 보면 1855년 1월에는 전염병으로 죽은 군인의 수가 가장 많았어요. 나이팅게일의 헌신적인 노력으로 사망자 수는 점점 감소했고, 1856년 3월에는 전염병으로 죽은 군인의 수가 크게 줄어들었답니다.

이 보고서 덕분에 위생에 대한 중요성이 강조됐고, 현대적인 환자 치료의 기초가 완성되었어요.

통계의 시작

통계는 수집한 자료를 정리해서 그 내용을 잘 알아볼 수 있게 수나 숫자로 표현한 것을 말해요. 이런 통계는 언제부터 쓰이기 시작했을까요?

통계는 고대 중국과 로마에서 인구조사를 하면서 처음 생겼어요. 현재 남아 있는 가장 오래된 인구조사는 중국 한나라의 책 「한서지리지」에 기록돼 있어요.

또 「구약성서」 민수기 1장 2절과 3절에도

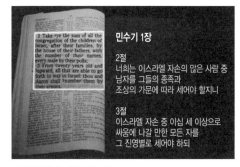

민수기 1장

2절
너희는 이스라엘 자손의 많은 사람 중
남자를 그들의 종족과
조상의 가문에 따라 세어야 할지니

3절
이스라엘 자손 중 이십 세 이상으로
싸움에 나갈 만한 모든 자를
그 진영별로 세어야 하되

▲ 「구약성서」 민수기 1장

군대에 보낼 남자들의 수를 헤아리려고 인구조사를 했다는 내용이 나와요. 인구조사를 뜻하는 'census'도 '세금을 정해 부담하게 하다'라는 뜻에서 유래했어요. 중국과 로마에서 인구조사를 한 이유도 병사를 모으거나, 세금을 낼 사람을 헤아리려는 목적에서였어요. 도시국가였던 로마가 지중해를 지배하는 대제국이 될 수 있었던 이유도 바로 인구조사 덕분이었어요.

통계, 학문으로 자리잡다

통계가 학문으로 자리잡기 시작한 건 17세기부터예요. 17세기 영국은 식민지를 많이 거느린 나라였어요. 영국에는 식민지로부터 많은 물자가 들어왔고, 그러면서 전염병이 자주 돌았어요. 전염병으로 죽는 사람들이 날로 늘어나자 런던시에서는 그 원인을 조사하기 시작했어요. 런던시는 그 결과를 표로 만들어 발표했어요.

영국의 상인이자 아마추어 수학자, 사회통계학자였던 존 그랜트는 런던시가 발표한 자료를 분석했어요. 그는 23년치 런던시의 사망표를 분석해 다른 나라와의 무역과 전염병 사이의 관계를 밝혀냈어요.

이때 존 그랜트가 사용한 사망표란 사람의 생사와 관련된 통계 자료로 나이별, 성별, 사망 원인별 등으로 잘 정리된 통계 자료예요.

1662년 존 그랜트는 「사망표에 관한 자연적 및 정치적 제 관찰」이라는 연구

결과를 발표했어요. 그는 런던과 몇몇 농촌에서 태어난 출생 성별 비율, 사망률, 출생률 등을 비교·조사했어요. 이 방대한 기록 사이에서 표본을 골라내, 꼭 필요한 결론을 이끌어냈어요.

이렇게 매년 질병에 따른 사망자와 발병 지역을 기록하고 연구한 것이 통계학의 출발점이 되었답니다.

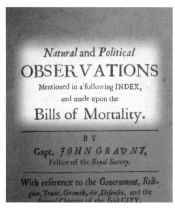

▲ 존 그랜트 「사망표에 관한 자연적 및 정치적 제 관찰」

015

/

통계 없인 못 살아

생활 속 통계 이야기

여름철 늘어나는 전기 사용량.
최근 초가을까지 이어지는 무더위로
전기 사용량이 많아지면서
전력 부족 현상이 일어났다.

가정에서 사용하는 전기 사용량을 분석하면,
새는 전기를 막을 수 있다.

하지만 각 가정마다 사용하는 전자제품이 다르고
사용 횟수가 제각각이어서
자료 분석이 쉽지 않다.

이럴 때는 일상생활이나
여러 가지 현상에 대한 자료를 한눈에
알아보기 쉽게 수치로 나타낸
'통계'를 이용하면 된다.

각 자료의 특성에 따라
줄기와 잎 그림, 도수분포표, 히스토그램, 대푯값 등
다양한 도구를 선택해 분석할 수 있다.

지하철 시각표가 한눈에, 줄기와 잎 그림

지하철은 막힐 일이 없고, 비교적 정확한 시간에 원하는 목적지로 이동할 수 있어 사람들이 애용하는 교통수단이에요.

지하철은 정해진 계획표에 따라 운행하므로 사람들은 지하철이 언제 오는지 도착 시각을 예측할 수 있어요. 게다가 요즘에는 지하철의 도착 시각을 스마트폰으로 확인할 수 있어 더욱 편리하게 이용할수 있게 되었죠.

서울에서 가장 붐비는 역 중에 하나인 강남역은 하루 평균 10만 명이 넘는 사람들이 이용하고, 약 240회 정도 지하철을 운행해요. 지하철을 이용하는 사람이 많을수록 운행 횟수도 많아지겠죠. 지하철 회사는 사람들이 지하철을 이용하는 시간대를 일일이 조사하고 분석해 지하철의 운행 횟수를 정하고 시각표를 만들어요.

▼ 사람들의 지하철 이용 시간대를 조사하고 분석하여, 지하철 운행 횟수와 시각표를 정한다.

만약 지하철 시각표가 오른쪽 그림처럼 정리되지 않은 채로 줄줄이 나열돼 있다면 어떨까요?

6:27	7:10	7:14	7:32
7:51	8:05	8:17	8:34
8:54	9:10	9:23	9:48
10:10	10:15	10:21	10:27
10:33	11:06	11:21	11:25

통계에선 줄줄이 나열된 자료를 각각 '변량'이라고 불러요. 변량만으로는 원하는 시각을 재빨리 찾기가 어려워요.

예를 들어 7시쯤에 들어오는 지하철의 정확한 도착 시각을 알려면, 첫차 시각부터 일일이 살펴봐야 해요. 그래서 사람들은 수많은 자료 중에서 원하는 정보를 얻으려고 변량을 기준에 따라 정리하곤 해요. 즉 통계를 내는 거예요.

먼저 5시, 6시, 7시 등 운행하는 시간대별로 시각표를 정리해요. 그런 다음 줄기와 잎 그림을 이용해 한눈에 보기 좋은 시각표를 만들 수 있어요.

'줄기와 잎 그림'이란 자료를 나무의 줄기에 달린 잎처럼 보기 좋게 만든다는 뜻으로 부르는 자료 정리 방법이에요. 여기서는 '시'가 줄기, '분'이 잎이 돼요. 이렇게 만든 줄기와 잎 그림은 도표와 그래프의 기능을 동시에 갖고 있어요. 줄기와 잎 그림을 시계 반대 방향으로 90° 회전하면, 막대그래프와 비슷한 모양이 돼요.

줄기와 잎 그림은 자료의 분포를 쉽게 알 수 있고, 자료의 정확한 값을 파악하는 데 유용하게 쓰여요.

▼ '줄기와 잎 그림'을 시계 반대 방향으로 90° 회전하면 막대그래프 모양과 비슷해진다.

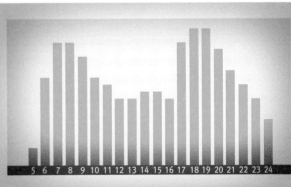

떡볶이
152 kcal

오징어 튀김
308 kcal

순대
181 kcal

간식의 열량이 한눈에, 도수분포표

　수업을 마치고 집에 가는 길, 수많은 음식점이 있어요. 특히 치킨, 피자, 떡볶이, 샌드위치 등 끼니와 끼니 사이에 먹는 간식은 누구에게도 양보하기 힘들어요. 맛있는 간식 중에는 열량이 높은 것들이 많아요. 우리가 먹는 간식의 열량은 얼마나 될까요?

아래 표는 식품의약품안전처에서 조사한 간식 100g당 열량을 나타낸 거예요. 이 자료에서는 간식의 열량이 변량이에요. 이 표에서 변량이 가장 큰 간식은 땅콩, 변량이 가장 작은 간식은 어묵인 걸 알 수 있어요.

하지만 이 표만으로는 100kcal대 열량의 간식이 몇 개나 있는지 한눈에 알기 어려워요. 이럴 때는 흩어져 있는 변량을 일정한 구간으로 나눠서 정리한 도수분포표를 이용하면 편리해요. 이때 구간을 나누는 것을 '계급'이라고하고, 구간의 너비는 '계급의 크기'라고 불러요.

간식의 열량

단위 (kcal)

간식	열량	간식	열량	간식	열량
붕어빵	212	단팥호빵	278	군만두	274
호떡	333	인절미	221	닭꼬치	252
어묵	140	새우스낵	500	햄버거	223
초코칩비스킷	477	떡볶이	152	피자	226
순대	181	슈크림	364	팝콘	504
핫도그	267	도넛	296	땅콩	567
초콜릿	550	꽈배기	403	감자튀김	331
치즈케이크	299	오징어튀김	308	김밥	159

자료출처: 식품의약품안전처

열량 (kcal)		간식 수 (개)
100 이상 ~ 200 미만		4
200 ~ 300		10
300 ~ 400		4
400 ~ 500		2
500 ~ 600		4
합계		24

도수분포표

▲ 간식 100g당 열량을 나타낸 표(왼쪽)와 이를 정리한 도수분포표(오른쪽)

이 자료에서는 계급을 100이상 200미만, 200이상 300미만, 300이상 400미만, 400이상 500미만, 500이상 600미만과 같이 5개로 나눌 수 있어요. 그다음 각 계급에 속하는 변량을 헤아려 도수분포표를 완성하면, 열량 구간별 간식의 수를 한눈에 알 수 있어요.

중학생 한 끼 권장 열량은 740kcal예요. 여러 종류의 간식을 한번에 먹게 되면, 열량이 높아져 비만의 원인이 될 수 있어요. 간식의 칼로리를 미리 알아 두면, 식단 관리를 할 수 있어 비만을 예방하는 데 도움이 돼요.

통계로 블랙아웃을 막아라!

몇 해 전부터 9월 또는 10월까지 이어지는 늦더위로 종종 정전 사태가 일어나곤 해요. 우리가 한번에 사용할 수 있는 전력량은 한계가 있는데, 늦더위가 이어지면서 냉방기 사용이 늘어나 한꺼번에 너무 많은 전기가 사용되어 전기 공급에 문제가 발생했기 때문이에요. 이런 비상사태를 대비해서 전력 거래소는 사용 가능한 전력량을 실시간으로 확인하고 있지만, 우리 스스로도 각자 냉난방기의 사용을 줄이고 전기를 아껴 쓰는 노력이 필요해요.

전기 절약을 실천하려면, 먼저 각 가정에서 전기를 얼마만큼 사용하고 있는지를 알아야 해요. 우리 집 전기 사용량이 많은지 적은지를 알려면 평균과 비교하면 돼요. 각 가정의 전기 사용량을 변량이라고 하고, 변량을 다 더한 뒤 총 가구수로 나누면 전기 사용량의 평균을 구할 수 있어요.

○○시 전기 사용현황

전기 사용량(kWh)	가구수 (천가구)
0^{이상} ~ 100^{미만}	2899
100 ~ 200	3811
200 ~ 300	4704
300 ~ 400	5205
400 ~ 500	3377
500 ~ 600	1616
합 계	21612

출처: 한국전력공사

왼쪽 표는 우리나라 한 지역의 전기 사용량을 나타낸 도수분포표예요. 평균은 변량의 총합을 도수의 총합으로 나눠서 구해요. 여기서는 2만여 가구의 전기 사용량을 각각 더해서 전체 가구수로 나눠야 하는데, 2만 개가 넘는 변량을 일일이 더하는 건 쉽지 않을뿐더러 시간도 오래 걸려요.

이럴 때는 도수분포표의 계급값을 이용해서 평균을 구하면 됩니다.

도수분포표만으로는 각각의 변량을 정확히 알 수 없어요. 그래서 각 계급을 대표하는 계급값을 그 계급에 속하는 변량의 대푯값으로 생각하고 평균을 구해요.

각 계급의 계급값을 구하고, 구한 계급값에 각 계급의 가구수를 곱해요. 이를 모두 더한 다음 전체 가구수로 나누면 평균을 구할 수 있어요. 이렇게 구한 가구당 한 달 평균 전기 사용량은 약 283kWh예요.

전기 사용량(kWh)	가구수 (천가구)
0^{이상} ~ 100^{미만}	2899
100 ~ 200	3811
200 ~ 300	4704
300 ~ 400	5205
400 ~ 500	3377
500 ~ 600	1616
합 계	21612

$$\text{(계급값)} = \frac{\text{(계급의 양 끝값의 합)}}{2}$$

전기 사용량(kWh)	가구수 (천가구)	계급값 (kWh)	(계급값) × (도수)
0^{이상} ~ 100^{미만}	2899	50	50×2899=144950
100 ~ 200	3811	150	150×3811=571650
200 ~ 300	4704	250	250×4704=1176000
300 ~ 400	5205	350	350×5205=1821750
400 ~ 500	3377	450	450×3377=1519650
500 ~ 600	1616	550	550×1616=888800
합 계	21612		6122800

(계급값) × (도수)

전기 사용량(kWh)	가구수 (천가구)	계급값 (kWh)	(계급값) × (도수)
0^{이상} ~ 100^{미만}	2899	50	50×2899=144…
100 ~ 200	3811	150	150×3811=57…
200 ~ 300	4704	250	250×4704=117…
300 ~ 400	5205	350	350×5205=182…
400 ~ 500	3377	450	450×3377=151…
500 ~ 600	1616	550	550×1616=888…
합 계	21612		6122800

$$\text{(평균)} = \frac{\{\text{(계급값)} \times \text{(도수)}\}\text{의 총합}}{\text{(도수)의 총합}}$$
$$= \frac{6122800}{21612}, \quad \boxed{\text{약 283(kWh)}}$$

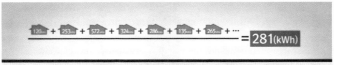

전기 사용량(kWh)	가구수 (천가구)	계급값 (kWh)	(계급값) × (도수)
$0^{이상}$ ～ $100^{미만}$	2899	50	50×2899=144950
100 ～ 200	3811	150	150×3811=571650
200 ～ 300	4704	250	250×4704=1176000
300 ～ 400	5205	350	350×5205=1821750
400 ～ 500	3377	450	450×3377=1519650
500 ～ 600	1616	550	550×1616=888800
합 계	21612		6122800

도수분포표의 평균 : 약 283(kWh)

약 2만 가구의 전기 사용량을 각각 더해 구한 평균은 281kWh예요. 도수분포표를 이용해 계산한 평균 283kWh와 실제 변량의 평균은 약간 차이가 나요. 하지만 전체를 파악할 때는 도수분포표를 이용하는 것이 훨씬 더 편리하답니다.

지구온난화 현상으로 지구의 온도가 계속 오르고 있어요. 더위 때문에 전기 사용량도 많아지고 있지요. 우리가 동시에 쓸 수 있는 전력량에는 한계가 있어서 전기 절약을 실천해야 해요. 오늘부터 안 쓰는 전기 플러그를 뽑아 놓는 아주 작은 일부터 실천해 보면 어떨까요?

016
/
상대도수로 본 한류 열풍
도수의 총합이 다르면 상대도수로 비교

"오빠 강남스타일!"

빌보드 차트 2위까지 진출하면서,
유튜브 조회수를 무려 25억 회를 넘긴
세계적인 가수 싸이의 〈강남스타일〉

유튜브 조회수를 비교해 보니
미국의 조회수가 한국보다
압도적으로 높았다.
그러면 미국에서 인기가 더 많은 걸까?

이럴 때 상대도수를 이용하면 기준이 같아져
미국과 한국의 인기도나 연령별 비율과 같은
새로운 시각의 통계 분석이 가능하다.

이처럼 도수의 총합이 다른 두 집단을 비교할 때는
상대도수와 상대도수 그래프를 사용하면 편리하다.

한류 열풍을 이끈 〈강남스타일〉

2012년 전 세계는 인기 가수 싸이의 〈강남스타일〉로 들썩였어요. 〈강남스타일〉 뮤직비디오는 유튜브에서 76일 만에 조회수 3억 회를 가뿐히 넘기고, 2016년 1월에는 25억 회를 돌파했어요. 아시아는 물론 유럽, 미주까지 〈강남스타일〉이 울려 퍼졌어요.

각 나라의 동영상 조회수를 조사해 보니, 미국이 가장 높았어요. 그럼 〈강남스타일〉은 미국에서 인기가 가장 높다고 말할 수 있을까요?

1위 미국 1억 9천 8백만 뷰
2위 터키 4천 7백만 뷰
3위 태국 4천 7백만 뷰
4위 프랑스 4천 5백만 뷰
5위 한국 4천 2백만 뷰
……

제공 : youtube(2012.12.25)

미국 $= \dfrac{1.98억}{3억} \times 100 = 66\%$

터키 $= \dfrac{4.7천만}{8천만} \times 100 = 58\%$

태국 $= \dfrac{4.7천만}{7천만} \times 100 = 67\%$

프랑스 $= \dfrac{4.5천만}{7천만} \times 100 = 64\%$

한국 $= \dfrac{4.2천만}{5천만} \times 100 = 84\%$

각 나라의 인구수가 모두 다르므로 동영상 조회수만으로는 〈강남스타일〉의 인기를 가늠하기는 힘들어요. 전체 인구수를 기준으로 나라마다 동영상을 본 사람의 비율을 알아봐야 정확한 인기도를 가늠할 수 있어요.

이를 계산해 보면, 미국이 66%, 터키가 58%, 태국이 67%, 프랑스가 64%, 한국이 84%예요. 조회수가 가장 낮았던 한국의 비율이 가장 높아요.

이렇게 통계 자료는 어떻게 해석하느냐에 따라 다른 결과를 가져온답니다.

연령대별 〈강남스타일〉의 인기도

이번에는 〈강남스타일〉 동영상을 본 사람들의 연령대를 분석해 볼게요. 먼저 연령대별로 기준을 나눠 도수분포표를 만들어보면, 미국이 전 연령대에서 한국보다 조회수가 높다는 것을 알 수 있어요. 하지만 이렇게 단순한 비교는 큰 의미가 없어요. 왜냐하면 자료를 정확하게 비교하려면 기준이 같아야 하기 때문이에요.

이렇게 비교하려는 자료의 합계가 서로 다를 때는 상대도수를 이용하면 돼요. 상대도수는 계급의 도수를 도수의 총합으로 나눠서 구해요.

연령대별 미국과 한국의 〈강남스타일〉 조회수 도수분포표

나이(세)	미국 도수(뷰)	한국 도수(뷰)
$10^{이상} \sim 20^{미만}$	50055815	2217432
$20 \sim 30$	32249399	3347067
$30 \sim 40$	32051550	8702375
$40 \sim 50$	40163362	14434227
$50 \sim 60$	30073059	10166717
$60 \sim 70$	13255888	2970522
합계	197849073	41838340

$$(상대도수) = \frac{(그\ 계급의\ 도수)}{(도수의\ 총합)}$$

연령대별로 분석한 미국과 한국의 도수분포표를 보고, 각 계급의 상대도수를 구해 볼게요. 상대도수는 그 합이 반드시 1이 돼야 해요. 도수분포표와 상대도수분포표의 가장 큰 차이점이 바로 이 합계예요. 상대도수분포표는 합계가 1로 같아져 자료를 정확하게 비교할 수 있는 거예요.

도수분포표에서는 모든 연령에서 미국이 한국보다 조회수가 높았지만, 상대도수분포표로 비교해 본 결과 일부 연령대에서 한국이 미국보다 그 비율

연령대별 미국과 한국의 〈강남스타일〉 조회수 상대도수분포표

나이(세)	미국 도수(뷰)	한국 도수(뷰)	미국 상대도수	한국 상대도수
$10^{이상} \sim 20^{미만}$	50055815	2217432	0.253	0.053
20 ~ 30	32249399	3347067	0.163	0.08
30 ~ 40	32051550	8702375	0.162	0.208
40 ~ 50	40163362	14434227	0.203	0.345
50 ~ 60	30073059	10166717	0.152	0.243
60 ~ 70	13255888	2970522	0.067	0.071
합계	197849073	41838340	1	1

이 높은 것을 확인할 수 있어요.

두 자료를 한눈에 비교하려면, 표보다는 그래프를 이용하는 게 편리해요. 아래 상대도수 그래프를 보면 10대와 20대는 미국이 한국보다 조회 비율이 높고, 30대에서 60대까지는 한국이 미국보다 조회 비율이 높아요.

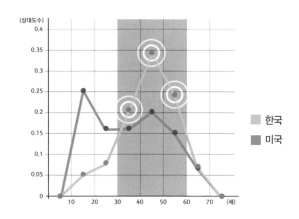

이렇게 상대도수는 계급의 도수가 전체에서 차지하는 비율이 어느 정도인지 보여 줘요. 도수의 총합이 다른 두 집단을 비교할 때 아주 유용하답니다.

017

때때로 진실을 감추는 평균

자료에 따라 알맞은 대푯값 찾기

148 150 155 160 160 160 165 170 172   1800

우리는 보통 자료 전체를
대표하는 값으로 평균을 사용한다.

하지만 만약 자료 중에
너무 큰 값이나 너무 작은 값이 섞여 있다면
평균은 자료를 대표하는 값으로 알맞지 않다.

극단적인 값이 자료 전체의 진짜 특징을 흐리기 때문이다.

자료를 대표하는 값에는 평균 외에도
중앙값과 최빈값이 있다.
무조건 평균만 신뢰하면 함정에 빠질 수 있으므로
상황에 따라 적절한 대푯값을 선택해야 한다.

병사들의 평균 키

빨간 나라 왕은 파란 나라를 정복하려고 전쟁을 준비하고 있었어요. 빨간 나라 왕은 전쟁에 앞서 신하들에게 파란 나라 정예 병사 10명의 평균 키를 조사하도록 했어요. 또 빨간 나라 왕은 두 나라의 병력을 비교하기 위해 자신의 정예 병사 10명의 평균 키도 구하도록 명령했지요.

여기서 '평균'이란 자료 전체의 합을 자료의 개수로 나눈 값을 말해요. 다시 말해 빨간 나라 병사들의 키를 모두 더해서 병사 수인 10으로 나누면, 빨간 나라 정예 병사들의 평균 키는 165.5mm가 돼요.

그런데 파란 나라 정예 병사 10명의 평균 키가 무려 324mm였어요.

결과를 들은 빨간 나라 왕은 평균 키가 2배나 큰 파란 나라 병사들 때문에 전쟁에서 이길 확률이 낮다고 생각하고 전쟁을 포기해 버렸어요.

165.5mm
(평균 키)
빨간 나라

324mm
(평균 키)
파란 나라

파란 나라 병사들의 비밀

빨간 나라 왕을 벌벌 떨게 한 파란 나라 병사들은 대체 얼마나 키가 큰 걸까요? 그런데 파란 나라 병사 10명의 키를 한 명씩 살펴보니, 148, 150,

155, …으로 빨간 나라 병사들과 별로 차이가 나지 않았어요. 그런데 맨 마지막 병사의 키가 1800mm였어요. 알고 보니 파란 나라는 걸리버가 표류해 지내고 있는 소인국이었어요.

▲ 조나단 스위프트의 「걸리버 여행기」

조나단 스위프트가 쓴 「걸리버 여행기」에는 소인국 사람들의 평균 키가 대략 15cm 정도였다고 나와요. 즉 150mm였어요. 빨간 나라 왕은 소인국 세계에서 키가 큰 편인 병사들을 데리고 있었으니, 전쟁에서 이길 자신이 있었던 거예요. 그런데 파란 나라 소인국에 표류된 걸리버는 소인국 사람들보다 12배나 컸어요. 파란 나라의 10번 째 병사로 뽑힌 걸리버가 파란 나라 병사들의 평균 키를 높이는 데 아주 큰 역할을 했어요. 빨간 나라 병사들의 평균 키보다 무려 2배가 컸으니까요.

자료를 대표하는 값, 대푯값

일반적으로 평균은 자료 전체의 특징을 대표하는 값으로 사용해요. 그런데 걸리버처럼 극단적인 값이 포함된 자료의 평균을 구하면, 자료의 특징이 크게 왜곡돼요.
이런 경우 자료를 대표하는 값을 찾으려면 평균 대신 어떤 값을 사용해야 할까요?
자료 전체의 특징을 대표하기 위해, 우리는 종종 대푯값을 사용해요. 대푯값에는 우리가 흔히 쓰는 '평균'을 비롯해 '중앙값'과 '최빈값'이 있어요.

중앙값은 말 그대로 중앙에 있는 값을 말해요. 다시 말해 자료를 작은 값부터 크기 순서대로 늘어놓았을 때 중앙에 있는 값을 '중앙값'이라고 불러요. 자료의 수가 홀수일 때는 중앙값을 바로 찾을 수 있지만, 만약 병사들의 키처럼 자료의 수가 짝수일 때는 중앙에 있는 두 값을 더해 반으로 나눠 구해요.

두 나라 병사들의 중앙값을 구해 보면 빨간 나라 병사들은 167.5mm이고, 파란 나라 병사들은 160mm예요. 오히려 빨간 나라의 값이 더 크네요. 중앙값은 중앙에 놓인 값만 생각하기 때문에 자료의 양 끝에 있는 걸리버 키와 같이 왜곡된 값이 있어도 전혀 영향을 받지 않아요.

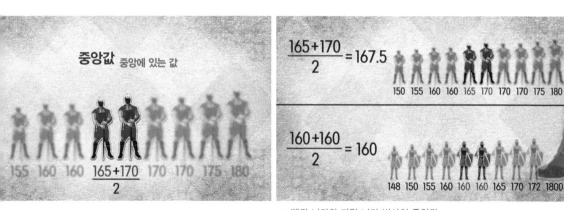

▲ 빨간 나라와 파란 나라 병사의 중앙값

최빈값에서 최빈은 한자로 最(가장 최), 頻(자주 빈)을 써요. 말 그대로 자료 중에서 가장 많이 나타나는 값을 말해요. 두 나라 병사들의 최빈값을 구해 보면 빨간 나라 병사들은 170mm이고, 파란 나라 병사들은 160mm이네요. 최빈값 역시 빨간 나라의 값이 더 커요. 최빈값은 신발의 크기, 옷의 치수를 조사한 자료에서 대푯값을 구할 때 흔히 사용해요.

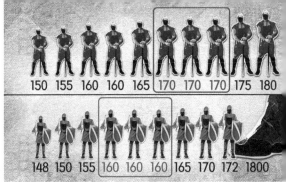

▲ 빨간 나라 병사와 파란 나라 병사의 최빈값

두 나라 병사들의 평균 키는 큰 차이가 있었지만, 중앙값과 최빈값은 별 차이가 없어요. 다시 말해 걸리버만 제외하면 두 나라 병사들의 병력은 비슷했던 셈이지요.

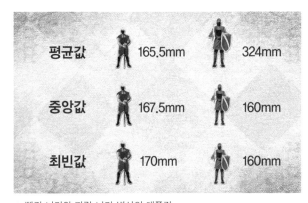

▲ 빨간 나라와 파란 나라 병사의 대푯값

지금까지 우리가 흔히 사용하는 평균의 헛점에 대해 알아봤어요. 이런 사실을 모르고 무조건 평균을 자료의 대푯값으로 사용하면 큰 오해가 생길 수도 있어요. 앞으로는 자료의 특징에 따라 적절한 대푯값을 사용해야겠지요?

018

기온의 분포 제대로 분석하기

분산과 표준편차를 알아야 하는 이유

평균은 들쑥날쑥한 자료의 값을
고르게 만든다.
하지만 때때로 각 자료의 실제 모습은
평균과 크게 차이가 나기도 한다.

예를 들어 0, 0, 0의 평균도 0이고,
-10, 0, 10의 평균도 0이다.
처음 자료는 평균과 자료의 모습이 차이가 없지만,
나중 자료는 평균과 꽤 큰 차이가 난다.

대푯값을 중심으로 자료가 흩어져 있는 정도를
나타내는 값을 산포도라고 부른다.
이 값을 알기 위해 사람들은 주로 **표준편차**를 이용한다.
표준편차를 알면 평균과 자료의 실제 모습이
얼마나 다른지 확인할 수 있다.

평균 때문에 망친 휴가

　남극의 여름을 견디기 힘든 펭돌이는 남극보다 시원한 나라로 여름 휴가를 떠나려고 해요. 때마침 펭돌이 앞에 날아든 여행사 전단지에는 몽골의 수도인 '울란바토르'에 대한 정보가 나와 있었어요. 펭돌이는 전단지에서 울란바토르의 평균 기온이 영하 2.4℃라는 정보 하나만 보고, 올해 여름 휴가는 울란바토르로 가기로 결정했어요.

월별	월평균 기온
1월	-24.3
2월	-20.2
3월	-9.9
4월	0.2
5월	8.8
6월	14.5
7월	16.6
8월	14.5
9월	7.2
10월	-1.4
11월	-13.4
12월	-21.8
합계	-29.2

울란바토르에 도착한 펭돌이는 몹시 무더운 날씨에 당황했어요. 영하는커녕 20℃를 웃도는 날씨였기 때문이죠. 뭔가 잘못되었다고 느낀 펭돌이는 지나가던 울란바토르 낙타에게 따져 물었어요.
그러자 낙타는 영하 2.4℃는 월평균 기온이 아닌 연평균 기온으로 여름의 기온과는 차이가 크다고 말했어요. 이때 연평균 기온이란 1월부터 12월까지 각각 12개의 월평균 기온을 더한 다음, 12로 나눈 값을 말해요. 울란바토르의 연평균 기온은 영하 2.4℃였지만, 7월의 월평균 기온은 16.6℃나 됐어요.

(연평균 기온)
=-2.4℃

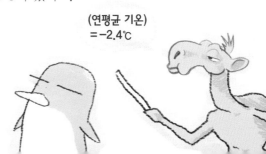

너무 화가 난 펭돌이는 주머니에서 다시 여행사 전단지를 꺼내 들었어요. 따져 물으려고 전화번호를 찾는데, 전단지 구석에서 '표준편차 매우 큼'이라는 문구를 발견했어요.

대체 표준편차가 뭘까요?

표준편차를 이해하려면, 편차를 먼저 알아야 해요. 편차는 '자료의 값'에서 '평균'을 뺀 값을 말해요.

예를 들어 울란바토르의 월평균 기온을 다시 살펴볼게요. 각각의 월평균 기온에서 연평균 기온인 −2.4℃를 빼면, 다음 표와 같이 월별 편차를 구할 수 있어요. 이 편차를 그래프로 나타내면, 각각의 월평균 기온이 연평균 기온과 얼마만큼 차이가 나는지 한눈에 알 수 있어요.

월별	월평균 기온	편차
1월	−24.3	−21.9
2월	−20.2	−17.8
3월	−9.9	−7.5
4월	0.2	2.6
5월	8.8	11.2
6월	14.5	16.9
7월	16.6	19.0
8월	14.5	16.9
9월	7.2	9.6
10월	−1.4	1.0
11월	−13.4	−11.0
12월	−21.8	−19.4
합계	−29.2	

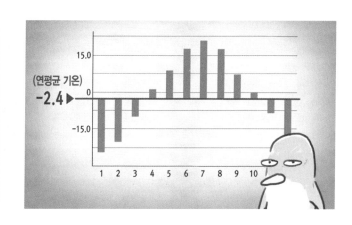

표준편차는 어떻게 구할까?

표준편차는 각각의 흩어진 정도를 하나의 숫자로 나타내 쉽게 분포를 알아보는 값이에요. 표준편차를 구하려면 편차를 이용하면 돼요. 혹시 편차의 평균이 표준편차일까요?

편차의 평균은 월별 편차를 모두 더해서 12로 나누면 돼요. 그런데 월별 편차를 모두 더했더니 0이 되네요. 0은 어떤 수로도 나눌 수 없으니, 편차의 평균을 구할 수 없어요. 그래서 수학자들은 편차를 제곱한 다음 편차의 평균을 구하기로 했어요. 편차의 제곱은 모두 양수가 되니까 그 합이 0이 될 걱정을 할 필요가 없거든요.

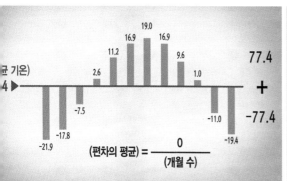

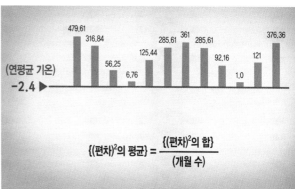

울란바토르의 월별 편차 제곱의 합은 2507.64이고, 이를 다시 12로 나누면 편차 제곱의 평균값은 약 208.97이 돼요. 이는 제곱으로 구한 값이므로 다시 루트를 씌워서 제곱근을 구하면, 이 값이 바로 '표준편차'가 돼요. 따라서 울란바토르 연평균 기온의 표준편차는 약 14.5℃예요. 만약 펭돌이가 표준편차를 알았더라면, 당연히 다른 휴가지를 선택했겠죠?

표준편차가 크다?

연평균 기온이 16.3℃로 같은 두 나라가 있어요. 하지만 두 나라의 사계절 모습은 많이 달라요. A나라는 사계절의 변화가 뚜렷하고, B나라는 사계절 내내 푸른 녹음이 가득하네요.
두 나라의 월평균 기온 그래프를 보니, A나라의 월평균 기온 차이는 크고, B나

라의 월평균 기온 차이는 적어요. 두 나라의 연평균 기온은 16.3℃로 같지만, 표준편차는 A나라는 7.9℃, B나라는 2.2℃로 달라요. 즉 표준편차는 자료의 흩어진 정도를 나타내므로 그 값이 클수록 아래 그래프처럼 평균을 중심으로 자료의 값이 넓게 흩어져 있고, 그 값이 작을수록 평균을 중심으로 자료의 값이 모여 있어요. 따라서 기온을 분석할 때에는 단순히 평균뿐만 아니라 표준편차까지 계산해야 기온의 분포를 오해 없이 정확하게 알 수 있답니다.

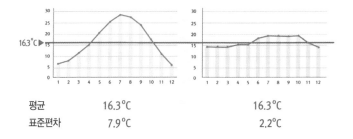

평균	16.3℃	16.3℃
표준편차	7.9℃	2.2℃

019

엉뚱한 질문에 답하는 힘, 페르미 추정

제한된 정보로 논리적인 답을 찾아라

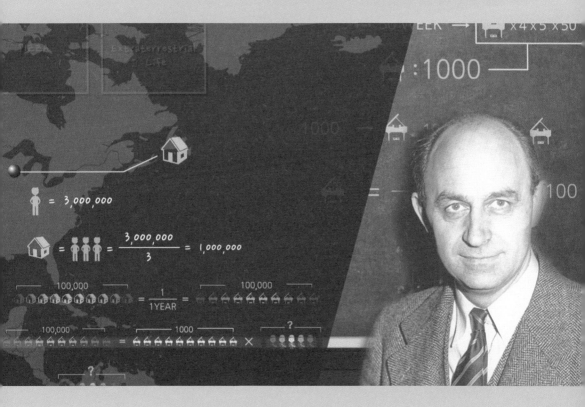

우리나라에 전봇대는 모두 몇 개일까?
미국 시카고에 피아노 조율사는 모두 몇 명일까?
세계에서 하루 동안 팔린 피자는 모두 몇 판일까?
지구 밖 은하계에서 생명체를 만들 확률은 얼마일까?

조금 황당한 질문이지만,
차근차근 필요한 정보를 모아
논리적으로 추론한다면
누구나 답할 수 있다.

이렇게 대략적 근사치를 추정하는 방법을
페르미 추정이라고 한다.

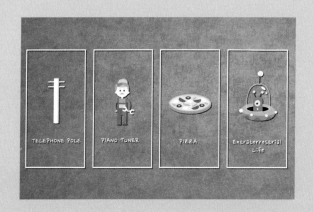

시카고에 사는 피아노 조율사는 모두 몇 명일까?

1940년 미국 시카고대학교의 한 교수가 학생들에게 다음과 같은 질문을 했어요.

"시카고에 사는 피아노 조율사의 수는 몇 명일까요?"

당황해서 대답하지 못하는 학생들에게 교수는 다음과 같은 추정 과정을 보여 줬어요.

먼저 시카고에 있는 피아노 수를 추정해 볼까요?

시카고에는 약 300만 명이 살고, 한 가구에는 평균 3명이 살고 있으므로, 시카고에는 약 100만 가구가 살고 있다고 추정할 수 있어요. 그다음 피아노 가 집에 있을 확률을 10%로 가정하고, 한 가구당 1대의 피아노가 있다고 생 각하면 시카고에는 모두 10만 대의 피아노가 있다고 추정할 수 있어요.

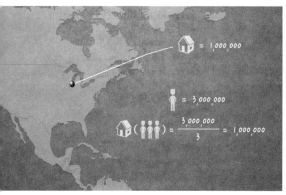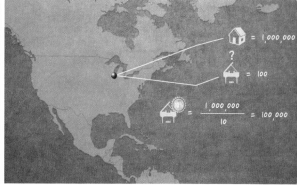

그럼 시카고에는 피아노 조율사가 몇 명이나 필요할까요?

먼저 조율사가 1년에 얼마나 많은 피아노를 조율할 수 있는지 생각해 봐야 해요. 조율사의 이동 시간을 포함해 피아노 1대를 조율하는 데는 약 2시간

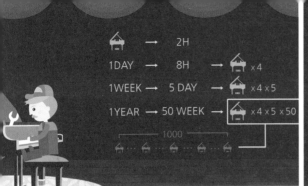

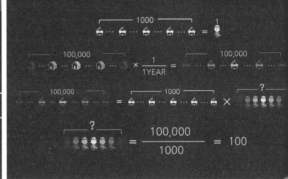

이 걸려요. 그럼 하루에 8시간 일하는 조율사는 하루에 4대의 피아노를 조율할 수 있고, 주 5일씩 1년에 50주를 일하면 조율사는 1년에 모두 1000대(4×5×50)를 조율할 수 있어요. 10만 가구가 피아노 조율을 1년에 1번 한다고 가정하면, 시카고에 필요한 조율사는 100000÷1000으로 100명으로 추정했어요. 놀랍게도 이 수치는 실제 시카고 전화번호부에 나와 있는 조율사의 수와 비슷한 값이었다고 해요.

교수는 이렇게 일반적으로 얻을 수 있는 제한된 정보를 가지고, 계산이 불가능해 보이는 문제를 풀곤 했어요.

그가 바로 세계 최초로 원자폭탄의 재료인 원자로를 만든 미국의 물리학자이자 수학자인 엔리코 페르미랍니다. 어떤 문제를 누구나 알 수 있는 기초적인 지식과 논리적 추론만으로 대략적인 근사치를 추정하는 방법을 '페르미 추정'이라고 불러요.

엔리코 페르미
1901~1954
미국 물리학자, 수학자

삶의 매 순간 논리를 생각하는 연습

1945년 7월 페르미 교수는 세계 최초로 핵실험을 진행했어요. 페르미 교수는 폭발 지점으로부터 약 16km 정도 떨어진 곳에 베이스캠프를 마련하

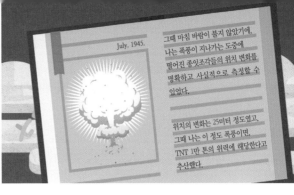

고 진행 상황을 관찰했어요. 페르미 교수는 폭발이 시작되자 베이스캠프 앞에서 작은 종잇조각을 공중에 뿌리는 기이한 행동을 보였어요.

그는 바람이 불지 않은 틈을 타, 폭발의 위력을 추정하기 위해 종잇조각을 공중에 날려 그 위치 변화를 관찰했어요. 그 결과 위치가 25m 정도 달라졌고 페르미 교수는 핵폭탄의 폭발력을 TNT 1만 톤 정도의 위력이라고 추산했어요. 이 값은 실제 폭발력과 거의 일치했다고 해요.

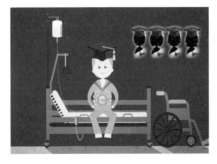

1954년 페르미 교수는 암에 걸렸어요. 그는 병상에 누워서도 링거의 물방울이 떨어지는 간격을 측정해, 링거의 유속을 계산할 정도로 수학을 사랑했어요.

페르미 교수가 평생 강조한 것은 제한된 시간과 부족한 자료 속에서도 생각의 힘만으로 답을 찾는 것이었어요. 그 덕분이었는지 1938년 그는 노벨 물리학상을 받았고, 그의 4명의 제자도 노벨상을 받았어요. 아마도 그가 평생 남긴 수많은 업적은 매 순간 상황을 논리적으로 분석하려는 습관과 의지 덕분이었을 거예요.

020
/
케빈 베이컨의 6단계 법칙

6명을 거치면 세상 모든 사람과 연결된다

브래드 피트
Brad Pitt

로버트 레드포드
Robert Redford

아담 샌들러
Adam Sandler

줄리아 로버츠
Julia Roberts

숀 코넬리
Sean Connery

매릴 스트립
Meryl Streep

케빈 베이컨
Kevin Bacon

톰 크루즈
Tom Cruise

레오나르도 디카프리오
Leonardo DiCaprio

요즘에는 **지구 반대편**에 사는 사람과도
매일 연락을 하며 지낼 수 있다.

특히 SNS를 통해서
아는 사람과 **친구를 맺거나**
친구의 친구와도 자유롭게 이야기할 수 있고,
그들의 **일상도 쉽게 엿볼 수 있다.**

더욱 놀라운 건
이런 식으로 6명의 사람만 거치면,
누구나 전 세계 모든 사람들과
친구가 될 수 있다는 사실이다.

베이컨 게임의 시작

1994년 어느 날 3명의 미국 청년들 인기 TV 토크 쇼에 편지 한 통을 보내왔어요. '영화배우 케빈 베이컨이 모든 할리우드 배우들과 아는 사이라는 것을 증명할 수 있다'는 조금 황당한 내용이었어요.

흥미를 느낀 방송사는 이들을 케빈 베이컨과 함께 출연시켰고, 세 사람은 청중이 이름을 대는 배우들이 케빈 베이컨과 어떻게 아는 사이인지 막힘없이 대답하며 시청자의 눈과 귀를 사로잡았어요.

그들의 규칙은 생각보다 매우 간단했어요. 영화에 함께 출연한 사이를 1단계라고 하고, 케빈 베이컨과 다른 배우들이 몇 단계 만에 아는 사이가 되는지를 찾는 원리였어요.

예를 들어 로버트 레드포드는 케빈 베이컨과 같은 영화에 출연한 적은 없어요. 이대로라면 둘은 모르는 사이예요. 그런데 로버트 레드포드는 영화 〈아웃 오브 아프리카〉에서 메릴 스트립과 함께 주연을 맡았고, 메릴 스트립은 케빈 베이컨과 영화 〈리버 와일드〉에 함께 출연했어요. 따라서 로버트 레드포드는 메릴 스트립을 통해 2단계를 거치면 케빈 베이컨과 아는 사이가 돼요. 친구의 친구가 되는 셈이에요. 이와 같은 방법으로 케빈 베이컨은 모든 할리우드 배우와 아는 사이가 될 수 있었어요. 이 규칙은 케빈 베이컨의 이름을 따 '베이컨 게임'이라고 불리며 더 유명해졌어요.

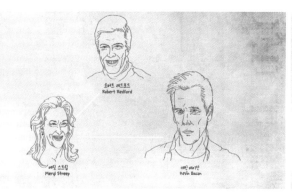

베이컨 게임의 논리

사실 베이컨 게임은 1929년 헝가리의 작가 프리제시 카린시가 쓴 단편 소설 「체인」의 한 구절에서 유래했다고 해요.

베이컨 게임은 간단한 수식으로 그 논리를 뒷받침할 수 있어요.

현재 당신이 알고 지내는 사람이 100명이라고 가정해 봐요. 이때 당신이 아는 모든 사람이 각각 또 다른 100명을 안다고 하면, 2단계 만에 당신은 1만 명과 아는 사이가 돼요. 우리가 흔히 '친구의 친구'라는 표현을 쓰는데, 이것이 바로 한 단계를 건너 아는 사이인 거예요. 같은 방법으로 한 단계를 더 건너 면 아는 사람이 100만 명, 한 단계를 더 건너면 아는 사람이 1억 명이 돼요. 전 세계 인구가 약 66억 5000명 정도니까, 5단계 만에 지구촌 거의 모든 사람과 아는 사이가 될 수 있어요. 물론 이때 아는 사람 중에는 서로 겹치는 사람이 없고, 사는 곳이나 사람 사이의 물리적인 거리는 생각하지 않았어요.

베이컨 게임의 과학적 근거를 찾기 위해 1998년 미국 코넬대학교 연구팀은 컴퓨터 시뮬레이션을 시도했어요. 각각의 사람은 점으로, 그들의 관계는 선으로 표시해서 사람들의 인간 관계를 지형도로 나타냈어요.

▼ 베이컨 게임의 규칙에 따라 5단계 만에 지구촌 대부분의 사람과 아는 사이가 될 수 있다.

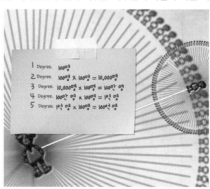

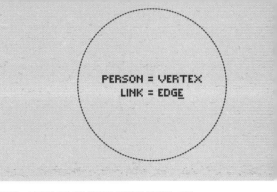

▲ 미국 코넬대학교 연구팀은 사람은 점, 사람 사이의 관계는 선으로 표시해 베이컨 게임의 과학적 근거
를 찾는 실험을 했다.

우선 1000명의 사람들로 이뤄진 네트워크를 생각한 다음, 각각의 사람은
바로 옆 10명의 주변 사람들과 아는 사이라고 가정했어요. 그런 다음 서로
다른 두 가지 실험을 했어요.

하나는 주변 사람과 일정한 규칙에 따라서만 관계를 맺었어요. 그러자 아주
잘 짜진 네트워크 구조가 완성됐어요. 다른 하나는 거리에 상관없이 불규칙
하게 원하는 대로 관계를 맺었어요. 그 결과 선들이 복잡하게 뒤얽힌 네트
워크 구조가 완성됐어요.

그런 다음 두 네트워크 구조를 기준으로 임의의 두 사람이 몇 단계 만에 아
는 사람이 되는지 계산했어요.

그러자 놀라운 결과가 나왔어요. 주변 사람들과 폐쇄적이고 규칙적으로 관
계를 맺은 사람은 평균적으로 50단계를 거쳐야 두 사람이 만날 수 있었어
요. 하지만 거리에 상관없이 불규칙하게 관계를 맺은 두 사람은 평균적으로

▼ 임의의 두 사람이 평균 50단계 만에 만난다.   ▼ 임의의 두 사람이 평균 3단계 만에 만난다.

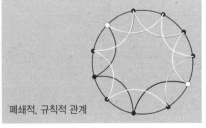
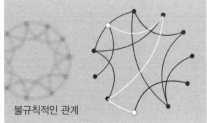

폐쇄적, 규칙적 관계   불규칙적인 관계

3단계 만에 만났어요.

▲ 코넬대학교 연구팀은 이 네트워크를 '작은 세상 네트워크'라 불렀다.

이때 규칙적인 네트워크에서도 몇 개의 선만 무작위로 연결하면, 이내 불규칙한 네트워크와 같은 성질을 보였어요. 그래서 연구팀은 이 네트워크를 '작은 세상 네트워크'라고 불렀어요. 잘 짜인 네트워크 안에서 몇 명이라도 전혀 다른 세계의 사람들과 연결돼 있다면, 거대한 사회가 단 몇 단계 만에 누구에게든 도달할 수 있는 작은 세상으로 바뀌었기 때문이에요.

실제로 수학자들은 점과 선으로 사람 사이의 관계를 표현한 그래프를 활용해 연구하고 있어요. 이 자료는 통계 자료의 바탕이 돼서 친구의 친구, 심지어 친구의 친구의 친구와의 상호 작용을 관찰할 수 있게 도와줘요. 이런 자료는 크고 작은 사회 속의 사람들 사이의 관계를 분석하는 데 큰 도움이 된답니다.

Give me a lever long enough, and prop strong.
I can single-handed move the world.

충분히 긴 지렛대와 단단한 지렛목을 주시오.
그러면 한 손으로 세상을 움직일 수 있소.

· 아르키메데스 ·

/ Part 3 /

기하에 관한
최소한의 수학지식

021

기하학이 탄생하다
땅의 측량으로 시작된 기하학

점, 선, 면, 부피 사이의 관계
그리고
공간의 수리적 성질을 연구하는 학문
'기하학'

기하학은 일상생활 속에서 필요에 의해
실용적으로 발생한 학문이다.

기원전 2000~3000년 전
세계 4대 문명 발생지인 나일강을 중심으로
생활하게 된 이집트 사람들은
농사를 짓기 위해 서로 땅을 나누고
피라미드와 같은 거대 건축물을 세우기 위해
정밀한 측정을 했다.
그러면서 자연스럽게 도형을 연구하기 시작했고,
더불어 측량술이 발전하면서
오늘날의 기하학이 탄생하게 됐다.

 기하학은 점, 선, 면, 부피 사이의 관계와 공간의 수리적 성질을 연구하는 학문이에요. 하지만 기하학의 시작은 학문과는 거리가 멀었어요.
이집트 사람들은 세계 4대 문명 발상지인 나일강을 중심으로 생활했어요. 아무래도 강가 주변에 살다 보니, 자연스럽게 농업이 발달했지요.
기원전 2000여 년 경 이집트를 다스리던 파라오는 나일강 주변의 땅을 백성들이 농사를 지을 수 있도록 나눠 주라는 명령을 내렸어요. 당시 땅을 나눠 주는 전문가를 '줄을 당기는 사람'이라고 불렀어요. 그들은 막대기를 사각형 모양의 네 귀퉁이에 꽂은 다음, 각 꼭짓점을 밧줄로 연결하고 그 줄을 따라 경계선을 표시해 땅을 나눴어요.

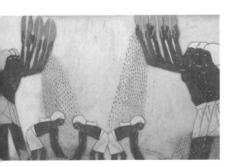

백성들은 그렇게 나눠 준 땅에서 열심히 농사를 지었어요. 그리고 땅에서 얻는 수확물의 일부를 파라오에게 세금으로 냈어요.
홍수 때문에 나일강이 범람하는 일이 자주 생겼어요. 때때로 강물은 땅을 덮쳐, 경계선을 없애고 농경지를 휩쓸어 가기도 했어요. 이에 파라오는 땅이 얼마나 줄었는지 측량하고 흩어진 땅의 경계를 재빨리 복원하게 했어요. 그리고 그 결과를 기준으로 새로운 세금을 내도록 했어요.
사람들은 이때부터 도형을 연구하기 시작했고, 측량 기술이 더욱 발달하기 시작했어요. 이 이야기는 역사의 아버지라 불리는 헤로도토스가 전했어요.

그리스의 역사가인 헤로도토스는 '이 일이 있은 후 기하학이 발달되었다고 나는 믿는다'라는 말을 남겼어요.

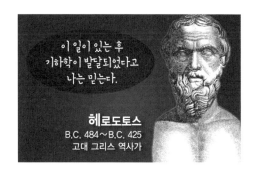

헤로도토스
B.C. 484~B.C. 425
고대 그리스 역사가

당시 이집트 수학의 수준

고대 이집트에서는 기하학뿐만 아니라 세금을 걷기 위해 수학이 발달하기 시작했어요. 수 개념이 발달하자, 그림을 이용해 제법 큰 수를 나타내기도 했어요.

이집트는 이러한 자신들의 기록을 나일강 주변에서 꺾은 갈대로 만든 파피루스에 남겼어요.

당시 서기관인 아메스의 「파피루스」를 살펴보면, 농토의 넓이를 구하는 방법뿐 아니라 기하학 관련 문제인 이등변삼각형의 넓이를 구하는 방법, 등변사다리꼴의 넓이를 구하는 방법까지 나와 있어요. 당시 이집트의 수학 수준이 어느 정도인지 짐작해 볼 수 있지요.

▼ 고대 이집트에서는 그림으로 큰 수를 나타냈다.

▼ 아메스의 「파피루스」에는 이등변삼각형의 넓이를 구하는 방법이 나와있다.

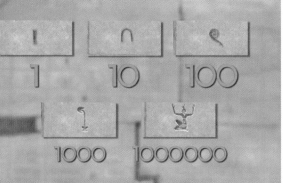

점토판에 새긴 기하학

비슷한 시기에 바빌로니아에서도 기하학에 대한 흔적을 찾을 수 있어요. 바빌로니아에는 진흙이 많아서 바빌로니아 사람들은 진흙으로 만든 점토판에 중요한 기록을 남겼어요.

수학적인 내용이 담겨 있는 대표적인 점토판의 이름은 '플림튼 322'예요. 조지 플림튼이라는 사람이 기증해서 붙여진 이름이에요.

이 점토판에 새겨진 수는 직각삼각형 세 변의 길이를 나타내요. 더불어 여기에는 직각삼각형 세 변의 길이 사이의 관계까지 나타나 있어요. '피타고라스 정리'가 나오기 무려 1000여 년 전, 바빌로니아 사람들은 이와 관련된 정보를 이미 알고 있었다는 것이죠.

플림튼 322
바빌로니아 사람들이 만든 점토판

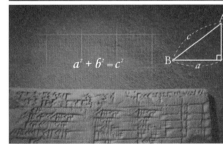

$$a^2 + b^2 = c^2$$

▲ '플림튼 322'에는 직각삼각형의 세 변의 길이가 쓰여 있다.

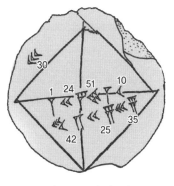

▲ 'YBC 7289' 점토판

또 다른 점토판 'YBC 7289'는 기원전 1800년에서 1600년 사이에 만들어진 것으로 추정되고 있어요. 여기에는 정사각형 모양이 선명하게 그려져 있어요. 정사각형 가운데 새겨진 숫자는 정사각형의 대각선 길이를 나타내요. 그들은 정사각형 모양뿐만 아니라 대각선의 길이까지도 꽤 정확하게 계산할 줄 알았던 것이지요. 이것은 단순한 측정 기술이 아닌 학문으로서 기하학을 이용한 것으로 볼 수 있어요.

기하학을 영어로 'geometry'라고 해요. 그리스어로 'geo'는 '땅'을, 'metria'는 '재는 것' 또는 '측량'을 뜻해요. 'geometria'는 '땅을 재는 것'이라는 뜻이고, 영어 역시 여기서 유래된 것이에요.

어원에서부터 알 수 있듯이 기하학은 생활 속의 도구, 실용 수학에서부터 시작된 것이랍니다.

022

점과 선으로 세상을 그리다

점으로 그림을 그리는 쇠라, 선으로 그림을 그리는 몬드리안

점으로 세상을 표현한 프랑스의 화가,
조르주 피에르 쇠라.

그는 당대 여느 인상주의 화가들처럼
빛에 관심이 많았다.
그는 빛을 특별한 방법으로 표현하고 싶었다.
빛을 표현하는 도구로 '점'을 선택했다.
신인상주의 화가인 쇠라는 점묘법을
처음으로 사용한 화가이기도 하다.

깐깐한 외모로 무질서를 싫어했던 화가,
피에트 몬드리안.

그의 성격은 고스란히 작품 속에서도 드러난다.
몬드리안은 도시의 모습도, 자연의 모습도,
모두 '선'으로 표현했다.
그는 수직선은 생동감을, 수평선은 평온함을 나타낸다고 생각했다.

프랑스의 대표 화가 조르주 쇠라의 작품 〈그랑드 자트 섬의 일요일 오후〉는 프랑스 파리의 센 강변의 작은 섬에서 일요일 오후를 즐기는 사람들의 모습을 그린 그림이에요. 쇠라는 이 작품으로 당시 사람들에게 큰 관심을 받으며 자신의 이름을 알렸어요.

조르주 쇠라 〈그랑드 자트 섬의 일요일 오후〉 1884~1886

〈그랑드 자트 섬의 일요일 오후〉는 가로 308cm, 세로 207.5cm 크기로 붓의 끝을 수직으로 세워 점을 찍어서 완성한 그림이에요. 제작 기간만 2년이나 걸렸어요.

이렇게 붓 끝으로 찍은 각각의 순수한 색을 띠는 작은 점을 이용해 시각적으로 색이 섞여 있는 것처럼 보이게 하는 기법을 '점묘법'이라고 합니다. 〈그랑드 자트 섬의 일요일 오후〉는 점묘법으로 그린 대표적인 작품이에요.

당시 예술계는 프랑스를 중심으로 인상주의 화가들이 많이 활동했어요. 인상주의 화가들은 물체가 빛에 의해 그 모습이 다양하게 바뀐다고 믿었어요. 그래서 빛에 의해 변하는 그때그때의 인상을 표현하고자 했어요. 또 형태보

조르주 쇠라
1859~1891
신인상주의 미술을 대표하는 프랑스 화가. 점을 이용한 점묘화법을 발전시켜 순수 핵의 분할과 그것의 색채 대비로 신인상주의의 확립을 이끌어 냄

점묘법
붓의 끝으로 찍은 다양한 순수 색의 작은 점을 이용하여 시각적으로 색이 섞여 있는 것처럼 보이게 하는 기법

클로드 모네
1840~1926
'빛은 곧 색채'라는 원칙의 인상주의 미술
을 처음으로 시작한 프랑스 화가

빈센트
반 고흐
1853~1890
고갱, 세잔과 함께 후기 인상주의
미술을 대표하는 네델란드 화가

클로드 모네 〈해돋이〉 1872　　　　　　　　　빈센트 반 고흐 〈별이 빛나는 밤〉 1889

다는 색채를 중요하게 생각해 윤곽이 뚜렷하지 않았어요. 대표적인 인상주의 화가로는 〈해돋이〉로 유명한 클로드 모네와 〈별이 빛나는 밤〉으로 잘 알려진 빈센트 반 고흐가 있어요.

쇠라 역시 초기 작품을 보면, 다른 인상주의 화가들과 비슷하게 붓놀림을 빨리하면서 연속적이지 않게 붓의 흔적을 그대로 남기며 표현했어요. 하지만 쇠라는 기존의 방법과는 다르게 좀더 과학적이며 체계적인 색채 기법으로 빛으로 만들어진 세상을 표현하고 싶었어요. 쇠라는 작품 속에서 빛을 선명하게 표현할 방법을 고민하다가 '점'에서 답을 찾았지요.

▼ 쇠라도 초기에는 다른 인상주의 화가들처럼 붓의 흔적이 그대로 남기는 기법을 사용했다.

조르주 쇠라 〈외바퀴 손수레를 옆에 놓고 돌을 쪼개는 남자〉 1883~1884　　　　　조르주 쇠라 〈교외〉 1882~1883

141

점, 선, 면은 도형을 이루는 기본 요소예요. 점은 모여 선이 되고, 선이 모여 면을 이뤄요. 이것들은 세상의 모든 사물의 기본이 돼요.

조르주 쇠라 〈그랑드 자트 섬의 일요일 오후〉 1884~1886

쇠라의 작품은 꼼꼼하게 찍은 작은 점부터 시작해요. 질서 정연하게 찍힌 순수한 색을 띤 점들이 모여 그림의 선이 되고, 선이 모여 면이 돼요. 다시 말해 쇠라의 점은 화면을 하나하나 채우면서 사물을 이뤄요. 쇠라는 모든 작품마다 열정을 쏟아 1~2년에 걸쳐 대형 작품을 완성했어요.

쇠라의 작품 속 점들은 너무 작아서 멀리서 작품을 감상하면 거의 점을 구별할 수 없어요. 사물의 선과 면만 보이지요. 이 미세한 점들이 화면 전체가 빛으로 아른거리는 듯한 효과를 내요.

쇠라가 점묘법으로 그린 작품들은 초기의 작품과 비교해 더욱 생동감 있고 선명한 느낌이 나요. 쇠라는 세상을 담을 때 점이라는 최소 단위로 예술적 영감을 불러왔던 거예요.

조르주 쇠라 〈서커스〉 1891

선으로 세상을 표현한 몬드리안

추상 미술의 대표 화가로 알려진
피에트 몬드리안은 세상의 모든 것
을 선으로 표현하려 했어요. 완벽하
게 빗어 넘긴 머리와 짧은 콧수염,
몬드리안은 실제로도 어둡고 차가운
성격으로 평생 독신으로 지내며 자
신만의 예술 세계에 빠져 살았어요.

피에트 몬드리안
1872~1944
모든 대상을 원색의 수평선과 수직선으로 단순화하여
구성하는 순수 추상미술을 추구한 네덜란드 화가

몬드리안은 '그림은 균형과 비례'라는 작품 철학이 있었어요. 세상 모든 것
을 선으로 단순화하면서도, 그 속에서 자연 그대로의 자유로움을 찾으려 했
어요. 그는 사선은 사람에게 긴장감과 불안감을 준다고 생각했기 때문에 작
품 속에 담지 않았어요. 그래서 그의 작품에는 오직 수직선과 수평선만이
존재해요.

피에트 몬드리안 〈빨강, 파랑, 노랑의 구성〉 1930   피에트 몬드리안 〈타블로〉 1921

대신 수직선으로 생기를, 수평선으로 평온함으로 표현했고, 두 선이 적절한
곳에서 만나면 안정감과 포근함을 표현할 수 있다고 생각했어요.

143

무질서함을 싫어 했던 몬드리안의
성격을 드러내는 재미있는 일화가
있어요. 어느 날 추상미술의 아버
지라 불리는 러시아 화가 바실리
칸딘스키 집에 간 몬드리안은 칸
딘스키가 창가 쪽 자리를 권하자

창문 밖이 보이지 않게 돌아앉았어요. 몬드리안은 정원의 나무조차 보고 싶
지 않을 정도로 무질서한 자연의 곡선을 싫어 했다고 해요.

몬드리안은 모든 사물을 단순화시키고자 했어요. "자연의 외형보다 수평과
수직선이 어느 것에도 제약 받지 않는 자연 그대로의 표현이다."라고 말했
지요. 몬드리안의 자연 연작을 보면 그가 나무를 어떻게 단순화시켰는지 알
수 있어요.

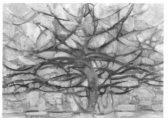
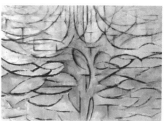

피에트 몬드리안 〈붉은 나무〉 1908   〈회색 나무〉 1911   〈꽃피는 사과나무〉 1912

이처럼 화가들은 점, 선, 면에서 아이디어를 얻어 자신의 작품 세계를 효과
적으로 표현하고자 끊임없이 노력했어요. 차가운 수학의 논리가 때때로 인
간의 감성을 표현할 수 있다는 사실이 무척 놀랍네요.

023

평행선의 두 얼굴

착각이 만들어 낸 원근법

평행선에 두 얼굴이 있다?

'평행선은 만나지 않는다'는 성질은
유클리드 기하학의 기초다.

그런데 때론 평행선이 원뿔처럼
한 점에서 만나는 것처럼 보이기도 한다.

프랑스의 인상파 화가 구스타프 카유보트의 작품 〈유럽 다리〉를 보면,
평행을 이루는 다리 위 풍경이 서로 만나는 것처럼 보인다.
이것은 원근법을 이용해 표현한 평행선의 또 다른 얼굴이다.

그러나 미술 작품뿐만 아니라 현실에서도
평행선이 만나는 것을 쉽게 볼 수 있다.

기찻길이나 곧게 뻗은 도로 위에서도
우리 눈은 평행선이 만난다고 착각하는 현상을 일으킨다.

평행한 두 선은 **만날 수 없다**

곧게 뻗은 기찻길, 평행한 두 선은
끝없이 따라가도 절대 만날 수 없어
요. 그런데 두 직선이 평행하다는 것
은 어떻게 알 수 있을까요?
두 직선을 가로지르는 선분 하나를 그
으면 모두 8개의 각이 생겨요. 이때 같
은 위치에 있는 각을 '동위각', 엇갈린
위치에 있는 각을 '엇각'이라고 불러

동위각의 크기가 같다

엇각의 크기가 같다

요. 평행한 두 직선이 한 직선과 만날 때 생기는 동위각과 엇각은 그 크기
가 같아요. 즉 두 직선이 평행한지 확인하려면 두 직선을 가로지르는 하나
의 선분을 긋고, 이때 생기는 동위각 또는 엇각의 크기가 같은 지 확인해 보
면 돼요.

평행한 두 선은 끝없이 선을 늘여도 절대 만날 수 없어요. 그런데 가끔 평
행한 두 선이 만나는 것처럼 보일 때가 있어요. 이것은 우리 눈이 착각을 일
으켜서 생기는 현상이에요.

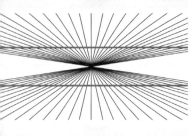
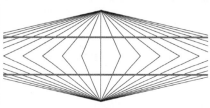

▲ 평행선에 그어진 사선 때문에 위와 아래로 휘어진 것처럼 보인다.

위의 그림들을 한번 살펴보세요. 붉은 선이 평행선처럼 보이나요?

첫 번째와 두 번째 그림은 위로 아래로 휘어진 선처럼 보이지요? 이것은 평행선에 그어진 사선 때문에 생기는 현상이에요. 이런 현상을 '착시'라고 하는데, 착시는 착각의 한 종류예요. 물체의 모양이나 크기, 명암 등 주변의 영향으로 있는 사실과 다른 모습으로 보이는 것을 말해요.

사람은 뇌에 기억된 정보에 의존하기 때문에 때때로 착시를 일으켜요.

평행한 기찻길이 만나는 것처럼 보이는 이유도 바로 착시 때문이에요. 우리 눈이 멀고 가까운 거리감을 착각해서 일어나는 현상이지요. 이를 '원근감에 의한 착시현상'이라고 말해요.

▲ 평행한 기찻길이 만나는 것처럼 보이는 이유는 눈이 원근감 때문에 실제 거리를 사실과 다르게 받아들이기 때문이다.

수학을 사랑했던 르네상스의 화가들

미술 작품에서도 평행한 직선을 한 점에서 만나게 해 원근감을 표현하는 기법이 있어요. 가까운 물체는 크게, 멀리 있는 물체는 작게 그리는 회화 기법을 '원근법'이라고 불러요. 주로 우리가 살고 있는 3차원 공간을 2차원 종이 위에 그릴 때 사용하는 방법이에요. 원근법 덕분에 평면 그

구스타프 카유보트 〈유럽 다리〉 1876

림 위에 거리와 깊이를 표현할 수 있어요.

프랑스 인상주의 화가 구스타프 카유보트의 〈유럽 다리〉를 살펴보면, 다리의 바닥과 옆면은 원래 평행하겠지만, 그림에서는 한 점에서 만나는 것처럼 보여요. 원근법을 이용해서 그렸기 때문이에요.

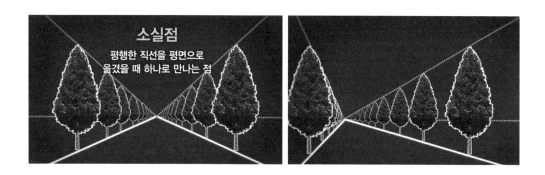

이렇게 그려진 평행선은 뒤로 갈수록 한 점에서 만나게 되는데, 회화에서 이 점을 '소실점'이라고 불러요. 소실점은 거리감과 공간감을 만드는 중요한 역할을 해요. 실제로 소실점의 위치에 따라 거리감과 공간감이 달라져요.

만약 가로수 길을 실제 평행선 위에 그리면 어떻게 될까요?

오른쪽 그림의 빨간선은 실제 평행선을 나타낸 거예요. 실제 평행선 위에 가로수를 그리면 의도와는 전혀 다른 그림이 그려져요. 오히려 평행해 보이지 않아요. 우리 뇌는 이미 평행한 선은 뒤로 갈수록 만나는 것처럼 보인다고 알고 있기 때문에 어색하게 느껴지는 거예요.

원근법의 시작은 르네상스 시대로 거슬러 올라가요. 초기 원근법은 수학적인 비례가 정확하게 맞지 않았어요. 그러다 1401년 이탈리아의 건축가 필리포 브루넬리스키가 교회 건물의 밑그림을 그리다가 물체의 크기를 거리에 따라 정확히 비례하게 그리는 방법을 알아냈어요. 그는 시선과 평행한 모든 직선이 수평선 위의 한 점(소실점)에서 보이도록 해, 거리에 따른 비례가 정확히 맞도록 그리기 시작했어요. 그 뒤로 유럽의 화가들은 치밀

▲ 필리포 브루넬리스키의 동상

한 계산을 통해 감상자의 실제 눈높이와 소실점을 일치시켜 원근감의 효과를 강조하기 시작했어요.

한편 이탈리아 화가인 피에로 델라 프란체스카는 원근법의 매력에 빠져, 이와 관련된 수학을 본격적으로 연구했어요. 그는 1474년에 발표한 「회화의 원근법에 관하여」를 포함해 수학 논문을 세 편이나 쓰고, 화가이자 수학자로 활동을 이어 갔어요. 그의 논문에는 '3차원 공간을 2차원에 담기 위해 표현하는 입체감은 정확한 비례식을 따라야 한다'고 적혀 있어요.

재미있는 상상을 가능하게 해 주는 입체 미술 '트릭 아트'도 눈속임 또는 착각을 일으키는 입체감 표현 기법을 이용한 거예요. 트릭 아트 작품을 보면 바닥이나 벽과 같은 평면이 부피나 깊이가 있는 공간처럼 표현되어 있어요.

실제로는 결코 만날 수 없지만 착시 때문에 만나는 것처럼 보이는 두 얼굴의 평행선, 여러분도 주변에서 직접 찾아 경험해 보세요.

024

신비한 착시의 세계로

나만의 착시를 만들어 보자

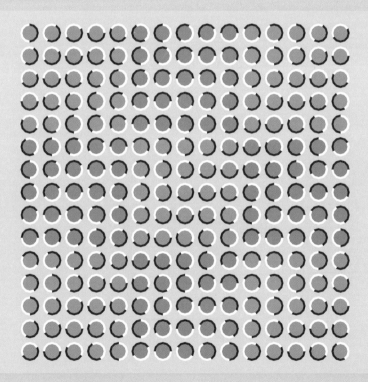

사람은 뇌에 기억된 정보에 의존하기 때문에
때때로 착시를 일으킨다.

아래 그림을
오리라고 생각하고 보면, 오리처럼 보이고,
토끼라고 생각하고 보면, 토끼처럼 보이는 이유다.

이런 착시 중에서
물체의 길이, 넓이, 방향, 각의 크기, 모양 등이
주위의 선이나 모양 때문에
실제와 다르게 보이는 것을
'기하학적 착시'라고 부른다.

기하학적 착시 관찰하기

오른쪽 그림이 뱅뱅 도는 것처럼 느껴지나요? 우리 눈은 때때로 사물을 볼 때, 그 사물의 모양 이나 크기, 색깔 등을 사실과 다르게 받아들여 요. 이를 '착시'라고 해요. 분명히 움직이지 않는 그림인데, 움직이는 것처럼 느껴지는 것도 바로 착시현상 때문이에요.

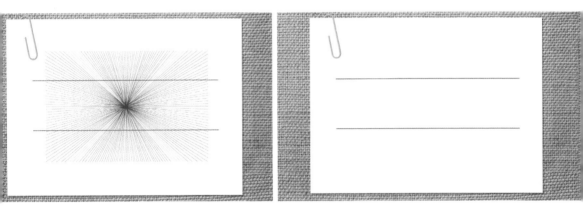

위의 왼쪽 그림에서 두 개의 빨간 선을 살펴보세요. 평행하게 보이나요? 아마 가운데가 약간 볼록한 곡선처럼 보일 거예요. 실제로 이 두 선은 평행해요. 평행선 뒤를 가득 메운 사선 때문에 평행선이 휜 것처럼 보이는 거예요. 분명 잘못 보고 있다는 걸 아는 데도 아무리 똑바로 보려 해도 계속 다르게 보여요. 착시는 잘못된 것을 바로잡는 개념이 아니에요. 고정관념을 깨고 생각을 자유롭게 하다 보면 눈이 착각한 것을 찾아낼 수 있고, 역으로 착시를 직접 만들 수도 있어요.

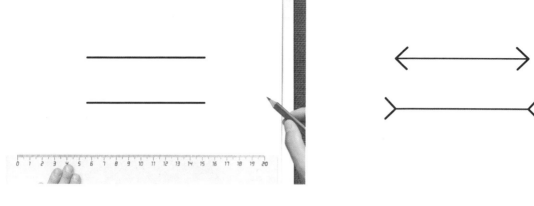

나만의 착시 만들기

길이가 같은 선분을 평행하게 2개 그린 다음 하나는 화살표를 안쪽으로 그리고, 하나는 바깥쪽으로 그려 봐요. 분명히 길이가 같은 선분인데, 화살표 머리의 방향 때문에 길이가 달라 보여요.

이처럼 주변의 배경이나 선 때문에 도형이 실제와 다르게 보이는 것을 '기하학적 착시'라고 해요. 아주 간단한 선이나 장치로도 착시 그림을 직접 만들 수 있어요.

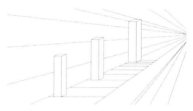

▲ 같은 높이의 블록이 주변의 선 때문에 높이가 달라 보인다.

간격이 모두 일정한 평행선도 아주 간단하게 사선처럼 보이게 할 수 있어요. 아래 그림처럼 교차해서 평행선 위에 짧은 사선을 그리니, 갑자기 평행했던 선들이 비스듬하게 보여요.

▲ 평행선 위에 교차해서 사선을 그려 넣으면 평행한 선들이 비스듬하게 보인다.

154

평행선 사이의 공간을 흰색과 검은색으로 번갈아 칠해도 평행한 선들이 비스듬하게 보여요.

이번에는 다른 착시를 만들어 볼까요?

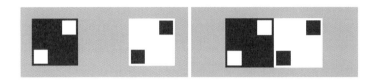

검정색 사각형의 마주보는 모서리에 흰 사각형을, 흰 사각형의 마주보는 모서리에는 검정 사각형을 그려 넣은 사각형을 이어 붙여서 체크무늬를 만들 수 있어요. 이렇게 만든 체크무늬를 이어 붙이는 것만으로 다양한 착시를 만들 수 있어요. 체크무늬 착시 이미지를 몇 개를 연달아 이어 붙이면, 기울어져 보이는 주사위 모양의 착시를 만들 수 있어요. 사각형 각각의 양쪽 모서리 작은 두 사각형 때문에, 전체가 기울어져 보이는 거예요. 또 주사위 모양을 여러 번 반복하여 이어 붙이면, 볼록한 무늬의 착시 그림이 돼요.

이처럼 어떤 무늬를 어떻게 이어 붙이냐에 따라서 색다른 착시가 만들어져요. 여러분만의 착시를 한번 만들어 보는 건 어떨까요.

025

카메라와 각도

카메라 렌즈에 숨어 있는 각의 원리

여러 대의 카메라로 같은 사물을 찍는다.
그런데 사진에 나타난 모습이 조금씩 다르다.

왜 그럴까?

바로 카메라 렌즈에 따라 달라지는 '각' 때문이다.

카메라 렌즈에서 각의 원리는
사람이나 동물, 곤충의 시야각과 관련이 있다.

사람의 눈은 시야각이 한정되어 있지만,
카메라는 렌즈를 바꾸면
시야각을 180° 이상으로도 확장할 수 있다.

카메라 렌즈의 시야각을 이해하면, 새로운 세상을 만날 수 있다.

동물의 눈을 닮은 카메라 렌즈

우리 눈은 정면을 바라보는 상태에서 좌우로 약 50° 정도씩 볼 수 있어요. 이를 '시야각'이라고 부르는데, 사람마다 아주 작은 차이가 있지만 눈으로 볼 수 있는 범위는 한정적이에요.

하지만 카메라는 우리의 눈과 다르게 렌즈에 따라 시야각보다 넓게 볼 수도 있고, 더 좁게 볼 수도 있어요.

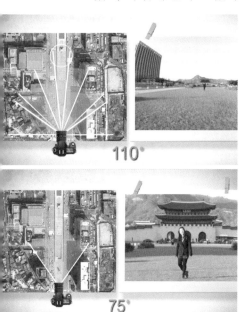

카메라가 렌즈에 따라 보이는 범위가 달라지는 이유는 바로 렌즈 속에 숨겨진 '각' 때문이에요. 카메라 렌즈 속 각의 원리는 사람이나 동물, 곤충의 시야각과 관련이 많아요.

사람이나 동물, 곤충의 시야각은 각각 각의 크기가 다르고, 그에 따라 보이는 모습도 많이 달라요.

곤충 눈의 원리와 모습을 이용해 160° 이상의 시야각을 가진 디지털 카메라가 개발되기도 했어요. 또 물고기가 물속에서 수면 위를 본 것처럼 보이게 하는 어안 렌즈는 물고기 눈의 원리를 응용해 만든 거예요.

▼ 물고기 눈의 원리를 이용한 어안 렌즈

각의 종류

점 O에서 시작하는 두 반직선 OA, OB로 이루어진 도형을 각 AOB라고 해요. 이것을 기호로 ∠AOB 또는 ∠BOA로 나타내요. 간단히 ∠O, ∠a로 나타내기도 해요. 각 AOB에서 점 O는 '각의 꼭짓점', 두 반직선 OA와 OB는 '각의 변'이에요. 이때 반직선 OB가 점

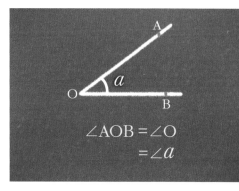

$$\angle AOB = \angle O$$
$$= \angle a$$

O를 중심으로 반직선 OA까지 회전한 정도를 '각의 크기'라고 해요. 각도에 따라 부르는 각의 이름이 달라요.

0°보다 크고, 90°보다 작은 각은 '예각'이라고 해요. 또 90°보다 크고, 180°보다 작은 각은 '둔각'이라고 해요. 만약 이때 두 변이 포개지는 경우는 0°, 90°는 '직각', 180°는 '평각'이라고 불러요.

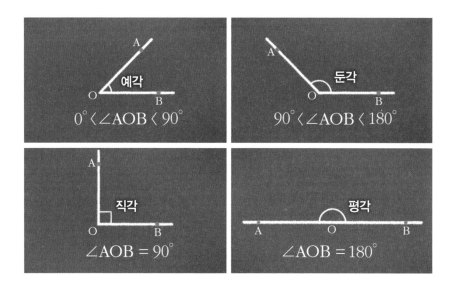

카메라 렌즈 속에도 이런 다양한 각이 숨어 있어요. 숨어 있는 각이 평각이냐, 예각이냐, 둔각이냐에 따라 사진도 서로 다르게 찍힌답니다.

026

피라미드에 담긴 비밀

고대 이집트의 작도법

거대한 규모의 피라미드.

피라미드는 그 규모만으로도 충분히 놀랍지만,
정확하고 정밀하게 적용된
수학 지식도 눈길을 끈다.

더욱이 피라미드를 지은 도구는
말뚝과 긴 줄이 전부!

당시의 측량술은
현대 사람들뿐만 아니라
당대 유명한 수학자들도 깜짝 놀라게 했다.

탈레스, 피타고라스, 유클리드는
이집트의 실용적인 기하학을 공부해
학문의 형태인 논증 기하학으로
점점 체계를 갖추게 했다.

이집트의 측량술에서 출발한 기하학은
그들 덕분에 학문으로 자리매김했다.

쿠푸왕 피라미드
제2대 파라오인 쿠푸(B.C. 2589~B.C. 2566)의 무덤

이집트 기자의 쿠푸왕 피라미드는 세계 7대 불가사의 중 하나로 꼽혀요. 엄청난 규모와 오차 없는 반듯함은 정말 놀랍지요.

쿠푸왕 피라미드는 밑변의 한 변의 길이가 약 230m인 사각형 모양으로, 전체 230만 개 이상의 돌을 높이 148m까지 쌓아 올려서 만든 엄청난 크기의 건축물이에요. 더 놀라운 것은 밑면의 한 변의 길이의 절반과 옆면의 높이의 비가 황금비에 가깝다는 것이죠. 또 밑면의 모양도 거의 완벽한 정사각형 모양을 하고 있어요.

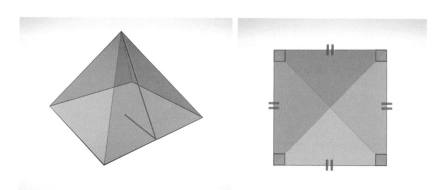

▲ 밑면의 한 변의 길이의 $\frac{1}{2}$: 옆면의 높이 = 1:1.618   ▲ 피라미드 밑면의 모양은 정사각형에 가깝다.

게다가 이 피라미드를 만든 도구는 말뚝과 긴 밧줄뿐이었어요. 오직 말뚝과 긴 밧줄만으로 어떻게 네모 반듯한 피라미드를 지을 수 있었을까요?

말뚝과 긴 밧줄로 정사각형을 그리는 방법을 알아볼까요?
먼저 말뚝 2개를 줄로 맨 다음, 임의의 점 A에 말뚝을 박고 줄을 팽팽히 당겨 나머지 한쪽 말뚝을 땅에 박아요. 나중에 박은 말뚝에 끝점을 표시한 다음, 다시 첫 번째 말뚝을 빼서 오른쪽 옆으로 옮겨요. 이번엔 새로 옮긴 부분에 점을 표시하면서 점 A에서 출발한 선분이 길게 이어지도록 그려요. 이렇게 계속 반복해서 이집트 사람들은 길이가 230m나 되는 정사각형의 한 변의 길이를 만든 것이죠.

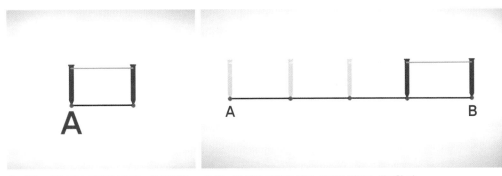

① 말뚝 2개를 줄로 연결한 뒤 점 A에 말뚝을 박고, 줄을 팽팽하게 해서 다른 말뚝을 박는다. 이때 말뚝의 끝점을 표시한다.

② 점 A에 박은 말뚝을 빼서 오른쪽 옆으로 이동한 다음 다시 말뚝을 박고, 그 끝점을 표시한다. 이렇게 계속 반복한다.

정사각형의 한 변의 길이가 선분 AB의 길이와 같다고 할 때, 점 B에 직각을 그리려면 보조선이 필요해요. 선분 AB의 연장선을 긋고 점 C를 표시해요. 그 다음 선분 BC보다 긴 줄을 묶은 두 말뚝 중 한쪽 말뚝을 점 C에 꽂은 다음 말뚝과 밧줄을 컴퍼스처럼 사용해 반원을 그려요. 그리고 말뚝을 점 D로 옮겨 같은 반원을 한 번 더 그려요.

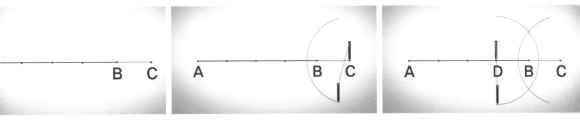

③ 선분 AB를 연장해 점 C를 표시한다.

④ 선분 BC보다 긴 줄을 맨 말뚝을 점 C에 박은 다음 줄의 길이가 반지름이 되는 반원을 그린다.

⑤ ④와 같은 방법으로 말뚝을 점 D로 옮겨 반원을 그린다.

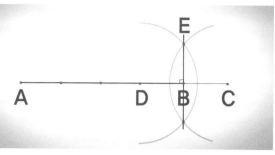

⑥ 두 반원이 만나는 점 E와 점 B를 연결하면, 정확히 선분 AB와 수직으로 만나는 직선 EB를 그릴 수 있다.

⑦ 이와 같은 방법으로 네 변과 네 각을 모두 그리고 정사각형의 밑면을 만들어, 차곡차곡 돌을 쌓아 올리면 피라미드가 완성된다.

이때 선분 BC와 선분 BD의 길이는 같아요. 반원 두 개가 만나는 교점을 이으면, 점 B를 지나면서 선분 AB에 수직인 선분을 그릴 수 있어요. 그러면 각 B가 직각이 되지요.

이집트 사람들은 바로 이 방법으로 사각형의 네 변과 네 각을 완성해 정사각형 밑면을 완성했어요. 그런 다음 그 위에 차곡차곡 돌을 올려 피라미드를 완성했지요. 말뚝과 긴 줄만을 이용해 정사각뿔에 가까운 피라미드를 완성한 거예요.

이집트의 피라미드를 만든 방법은 오랜 시간 뒤 탈레스에 의해 그리스로 전해졌어요.
기원전 580년 무렵, 탈레스는 거대한 피라미드와 이집트의 측량 기술을 보고 이집트에 머물며 작도법과 측량 기술을 공부했어요.
시간이 흘러 고향으로 돌아온 탈레스는 실용 중심이었던 기하학을 논증 과정을 거쳐 새로운 학문으로 정리하기 시작했어요. 탈레스는 기하학의 기본 성질 다섯 가지를 정리했어요.

탈레스
B.C.624~B.C.545
고대 그리스 수학자, 철학자

■ 탈레스가 정리한 기하학의 기본 성질

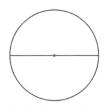

원은 지름을 기준으로 이등분된다.

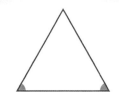

이등변삼각형의 밑변의 두 밑각의 크기는 같다.

두 개의 삼각형에서
두 각과 그 사이의 변의 길이가 같으면 합동이다.

교차하는 직선의 맞꼭지각의 크기는 서로 같다.

반원에 내접하는 각은 직각이다.

탈레스는 이 다섯 가지 성질을 정리한 뒤에는 각 성질을 논리적으로 증명하기 시작했어요. 예를 들어 '이등변 삼각형의 두 밑각의 크기는 같다'는 직접 각도기로 두 밑각을 재어 보는 것이 아니라, 논리에 맞게 변의 길이와 각의 크기가 같음을 보이는 거예요.

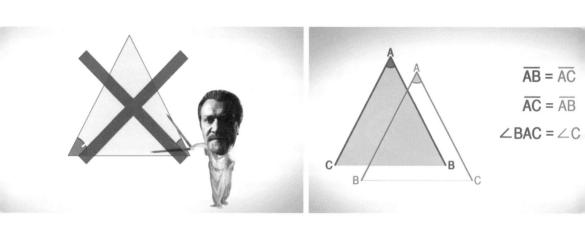

$$\overline{AB} = \overline{AC}$$
$$\overline{AC} = \overline{AB}$$
$$\angle BAC = \angle C$$

측량 기술에서 출발한 기하학은 탈레스 덕분에 학문으로서 모습을 드러내기 시작했어요. 그래서 오늘날 탈레스를 '기하학의 창시자'라고 불러요.

피타고라스가 그 뒤를 잇다

탈레스의 제자였던 피타고라스는 탈레스의 뜻을 이어받아 기하학을 계속 연구했어요. 덕분에 논증의 수학은 피타고라스에 의해 더욱 발전했어요. 탈레스가 시작한 논증의 기하학은 피타고라스가 뒤를 이어 더 탄탄한 기초를 마련했답니다.

스승인 탈레스는 피타고라스에게 이집트로의

피타고라스
B.C. 580~B.C. 500
고대 그리스 철학자·수학자

유학을 권하고, 스승의 뜻에 따라 피타고라스
는 이집트 멤피스에서 20년, 바빌론에서 12년
을 공부한 뒤 56세가 돼서야 다시 고향인 그리
스로 돌아왔어요.

고향으로 돌아온 그는 '피타고라스 학파'라는
공동체를 만들어 제자들과 함께 수학, 천문학,
음악 등을 연구하며 지냈어요. 피타고라스 학
파의 신념은 '만물은 수이다'였어요. 그들은 수
자체의 성질을 연구하는 데 힘을 쏟았어요.

피타고라스는 수학을 통해서 사물 사이의 관계
를 깨닫고, 이전부터 잘 알려져 있던 '피타고라
스 정리'를 처음으로 증명했어요.

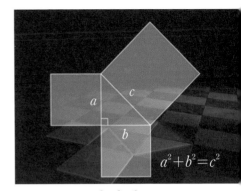

▲ 피타고라스 정리 $a^2 + b^2 = c^2$

피타고라스 정리는 오늘날에도 거리를 계산하
거나, 건물을 짓고, 터널을 뚫는 등 다양한 곳
에서 사용되고 있어요.

▲ 오늘날 피타고라스 정리는 생활 곳곳에서
쓰인다.

027

작도의 기본

눈금 없는 자와 컴퍼스만으로 도형을 작도하라

'기하학을 모르는 자는 이 문으로 들어올 수 없다.'

플라톤과 유클리드를 대표하는 이 문장은
그들이 기하학을 얼마나 중요하게 여겼는지 보여 준다.

플라톤은 인류 최초의 대학인 '아카데메이아'를 세우고
수학이 정신 수양에 꼭 필요한 학문이라고 강조했다.

특히 기하학 중에서 컴퍼스와
눈금 없는 자만을 이용해
기본도형을 작도하는 것을 강조했고,
이 작도법을 기초로 그리스의 기하학은
본격적으로 발전하게 된다.

유클리드는 당시 떠돌아다니던 기하학 지식과
자신이 알아낸 자료를 모아
역사상 가장 유명한 수학책인 「기하학 원론」을 펴냈다.
이 책은 오늘날까지도 기하학을 공부하는 기본서로 쓰이고 있다.

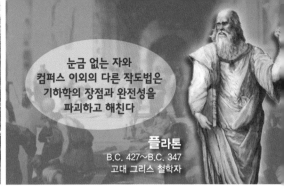

눈금 없는 자와
컴퍼스 이외의 다른 작도법은
기하학의 장점과 완전성을
파괴하고 해친다

플라톤
B.C. 427~B.C. 347
고대 그리스 철학자

아테네 아카데미 그리스

작도에 사용되는 눈금 없는 자는 직선을
컴퍼스는 원을 상징했다.

작도에 신전을 짓거나
천문학을 공부하는 데도 필요했다.

인류 최초의 대학, 아카데메이아

고대 그리스의 철학자 플라톤은 기원전 385
년 경에 인류 최초의 대학인 '아카데메이아'를
세웠어요. 이 학교는 청년들의 몸과 마음을 갈
고 닦아 나라의 발전에 도움이 될 인재로 기르
는 곳으로 스승과 제자가 함께 생활하면서 철
학, 수학, 음악, 천문학 등을 가르치고 배웠어
요. 특히 플라톤은 수학을 정신 수양에 꼭 필요
한 공부라 여기고 학생들에게 매일같이 강조했
어요.

당시는 직선과 원만으로 모든 기하학의 체계를
이루려고 했던 때였어요. 플라톤은 작도를 할
때에는 눈금 없는 자와 컴퍼스만으로 그리도록
했어요. 이때 자는 직선을, 컴퍼스는 원을 상징
했어요.

플라톤 시대에 작도는 아주 중요했어요. 완벽
한 비례를 이루는 신전을 짓는 데는 물론, 별
자리를 알아내고 별의 움직임을 관측해 미래를
예측해 보는 천문학 공부에도 꼭 필요했어요.

작도법의 발달

  초기 작도법은 고대 이집트 사람들이 피라미드를 지을 때 사용했던 방법으로, 말뚝과 긴 밧줄을 이용해 도형을 그리는 방식이었어요. 그러다 눈금 없는 자와 컴퍼스가 사용됐지요.

눈금 없는 자와 컴퍼스만 있으면 기본도형은 누구나 쉽게 작도할 수 있었어요. 눈금 없는 자는 주로 점과 점 사이를 잇는 선분을 그을 때 사용했고, 컴퍼스는 길이를 잴 때 사용했어요.

선분 AB와 길이가 같은 선분을 눈금 없는 자와 컴퍼스만 가지고 한번 작도해 볼까요?

■ **길이가 같은 선분 작도하기**

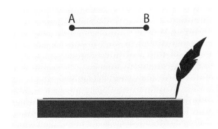

① 눈금 없는 자를 이용해 직선 l을 긋는다.

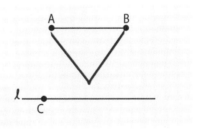

② 직선 l 위에 한 점 C를 잡고, 컴퍼스를 이용해 선분 AB의 길이를 잰다.

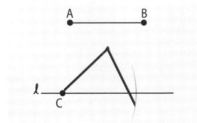

③ 선분 AB를 잰 컴퍼스를 이용해 점 C를 기준으로 원을 그려 직선 l과 만나는 점 D를 표시한다.

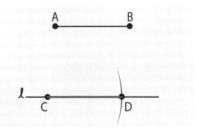

④ 선분 AB와 길이가 같은 선분 CD를 긋는다.

171

이와 같은 방법으로 크기가 같은 각을 작도하거나 세 변의 길이를 아는 삼각형을 작도할 수 있어요. 눈금 없는 자와 컴퍼스로 기본도형을 작도하다 보면, 작도한 도형의 성질을 자연스럽게 깨닫게 돼요. 더 나아가 작도는 마음을 가다듬고 정신을 집중해야 정확히 그릴 수 있어서 당시에는 수학이 공부하는 자세를 배우는 시간이기도 했어요.

기하학을 집대성한 유클리드

플라톤의 제자였던 유클리드는 플라톤 학파의 아카데메이아에서 교육을 받았어요. 기원전 300년 경에는 이집트의 왕인 프톨레마이오스 1세의 초대를 받아 그가 알렉산드리아에 세운 무세이온에서 수학을 연구했어요.
유클리드는 당시 떠돌아다니는 기하학에 대한 모든 지식을 수집했어요. 과거 기하학에 관심이 많았던 피타고라스, 플라톤, 히포크라테스와 같은 수학자들이 연구한 내용들이었어요. 거기에 자신이 알아낸 기하학 지식을 더해, 각 개념을 논리적이고 체계적으로 정리하는 일을 시작했어요. 이 자료는「기하학 원론」이라는 이름의 책으로 탄생했고, 이 책이 역사상 가장 오래되고 유명한 기하학 분야의 기본서예요. 기원전 300년 경에 쓰여진「기하학 원론」은 지금도 전세계에 번역되어 기하학의 기본서로 쓰이고 있어요.

▼ 유클리드는 피타고라스, 플라톤, 히포크라테스가 연구한 내용과 자신이 알아낸 기하학적 지식을 논리적·체계적으로 정리해「기하학 원론」을 집필했다.

유클리드의「기하학 원론」

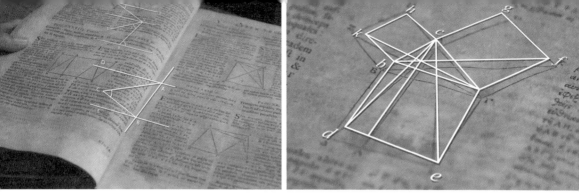

▲ 유클리드가 쓴 「기하학 원론」에는 465개의 명제와 증명이 실려 있다.

「기하학 원론」은 13권으로 이뤄져 있고, 여기에는 기하학과 관련된 내용뿐 아니라 수론과 대수에 관한 내용까지 무려 465개의 명제와 증명이 실려 있어요.

이집트와 바빌로니아에서 측량 기술로부터 발전한 실용적인 기하학은 탈레스, 피타고라스, 플라톤을 거쳐 유클리드에 이르러 드디어 완벽한 학문적 체계를 갖춘 기하학으로 발전하게 됐답니다.

028

3대 작도 불능 문제

3대 작도 불능 문제, 종이접기로 해결하기

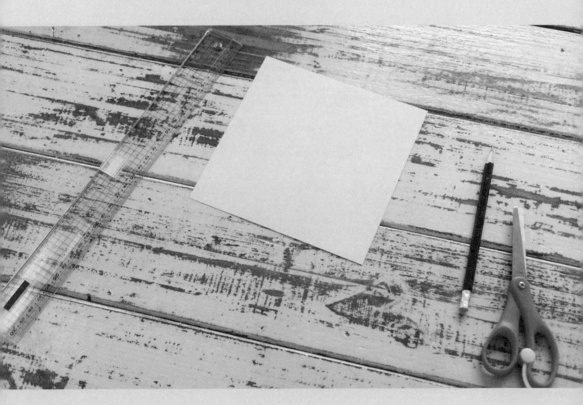

하늘을 가로지르는 행글라이더의 날개는
이등변삼각형이다.
만약 이등변삼각형이 아니라면,
어느 한쪽으로 중심을 잃고 떨어지고 말 것이다.

이등변삼각형을 포개어 접으면
정확히 두 변과 두 각이 일치한다.

이로써 이등변삼각형의 두 밑각은 서로 크기가 같고,
이등변삼각형의 꼭지각의 이등분선은
밑변을 수직이등분한다는 사실을 확인할 수 있다.

때로는 종이접기가
그 어떤 수학 증명보다
더 명쾌한 답을 주기도 한다.

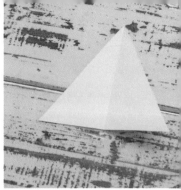

▲ 색종이를 반으로 접어, 접는 선을 한 점으로 하는 선을 자르면 이등변삼각형이 된다.

종이접기로 알아본 이등변삼각형의 성질

이등변은 한자로 二(두 이), 等(같을 등), 邊(선분 변)으로 두 개의 변이 같다는 뜻이에요. 즉 이등변삼각형은 두 변의 길이가 같은 삼각형을 말해요.

이등변삼각형은 종이접기로 누구나 쉽게 만들 수 있어요. 색종이를 반으로 접은 후, 접은 선을 한 점으로 하는 선을 긋고, 그 선에 따라 잘라낸 색종이를 펼치면 이등변삼각형이 돼요.

종이접기로 이등변삼각형의 성질을 알 수도 있어요. 색종이로 만든 이등변삼각형은 한 점을 기준으로 반으로 접으면, 완전히 포개져요.

완전히 포개지므로 겹쳐진 각의 크기와 변의 길이가 같음을 알 수 있어요. 즉 이등변삼각형의 두 밑각의 크기가 같아요.

이등변삼각형을 반으로 접었다 펴면, 꼭지각을 중심으로 세로선이 하나 생겨요. 이 세로선은 밑변과 90°로 만나며, 밑변을 반으로 나눠요.

이등변삼각형의 성질 1
두 밑각의 크기가 같다.

이등변삼각형의 성질 2
꼭지각의 이등분선은 밑변을 수직이등분한다.

즉 이등변삼각형 꼭지각의 이등분선은 밑변을 수직이등분해요. 수직이등분선 위의 임의의 한 점에서 밑변의 양끝으로 선분을 그리면 오른쪽 그림처럼 언제라도 이등변삼각형을 그릴 수 있어요.

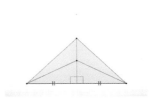

3대 작도 불능 문제

고대 그리스의 수학자들은 수시로 작도를 즐겼어요. 함께 모여 도형을 그리고 연구하는 걸 좋아했지요. 그들은 작도를 할 때 눈금 없는 자와 컴퍼스만 이용했어요.
그런데 고대 그리스의 수학자들도 끝내 풀지 못한 작도 문제가 몇 가지 있었어요.

그중 가장 많이 알려진 대표적 세 가지 문제는 부피가 2배인 정육면체 그리기, 원과 넓이가 똑같은 정사각형 그리기, 임의의 각을 삼등분하기예요. 이 세 문제를 3대 작도 불능 문제라고 불러요.

■ **3대 작도 불능 문제**

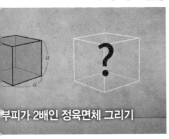

부피가 2배인 정육면체 그리기

원과 넓이가 똑같은 정사각형 그리기

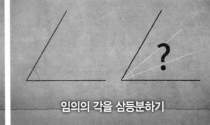

임의의 각을 삼등분하기

한 변의 길이가 a인 정육면체의 부피는 a^3이에요. 그러면 새로 그려야 하는 정육면체의 부피는 $2a^3$이고, 부피가 $2a^3$인 정육면체의 한 변의 길이는 $\sqrt[3]{2}\,a$예요. 이때 $\sqrt[3]{2}\,a$는 무리수의 한 종류인 초월수로 작도가 불가능한 수예요. 따라서 부피가 2배인 정육면체를 작도하는 것은 불가능해요.

반지름이 r인 원의 넓이는 πr^2, 한 변의 길이가 x인 정사각형의 넓이는 x^2이에요. 이 두 도형의 넓이가 같으려면 $\pi r^2 = x^2$이고, 이때 정사각형 한 변의 길이 $x = r\sqrt{\pi}$이 돼야 해요. 그런데 π는 무리수이므로, 이 역시 작도가 불가능한 수예요. 따라서 넓이가 똑같은 정사각형을 작도하는 것은 불가능해요. 이 문제는 원주율이 무리수라는 것이 증명되고 나서야 작도가 불가능한 문제라는 걸 알았어요.

마지막으로 임의의 각을 삼등분하는 문제는 1837년 프랑스 출신의 수학자 피에르 로랑 방첼이 눈금 없는 자와 컴퍼스만으로는 작도가 불가능하다는 것을 증명했어요.

하지만 후대에 여러 수학자들이 다양하게 풀이법을 고민한 결과, 논리를 따른 수학의 언어로 하는 증명은 아니지만 종이접기와 같은 새로운 도구로는 임의의 각을 삼등분할 수 있다는 가능성을 제시했어요.

종이접기로 임의의 각을 삼등분하다

1893년 인도의 수학자 순다라 로가 처음으로 종이접기로 임의의 각을 삼등분하는 방법을 제시했어요. 그 방법은 다음과 같아요.

▣ 종이접기로 임의의 각 삼등분하기

① 네모난 종이 위에 임의의 각을 하나 만든다.

② 종이를 가로로 반을 접고, 접은 선을 기준으로 한 번 더 가로로 반을 접어서 평행선 2개를 만든다. 이때 종이를 접어서 생긴 평행선의 길이는 같고, 두 번째 평행선(파란 선)은 세로 변의 반(분홍 선)을 수직이등분한다.

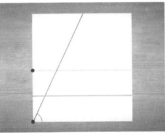
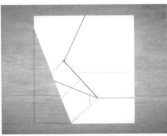
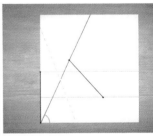

③ 빨간 점은 각을 이루는 선분(빨간 선)과 파란 점은 두 번째 평행선(파란선)과 만나도록 종이를 접었다 편다. 그러면 새로운 보조선(노란 점선)이 생긴다.

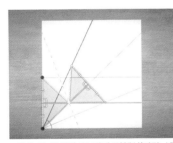
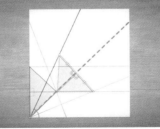
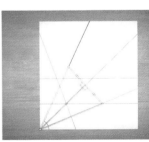

④ 노란 점선과 두 번째 평행선(파란 선)이 만나는 점(노란 점)에서 출발해, 두 평행선의 양 끝점(빨간 점, 파란 점)을 연결하면 이등변삼각형 하나가 생긴다. 그런 다음 다시 노란 점선을 접었다 펴면 이등변삼각형이 2개가 된다.

⑤ 이번에는 초록 점선을 기준으로 종이를 반으로 접었다 펴면, 새로운 이등변삼각형이 만들어진다.

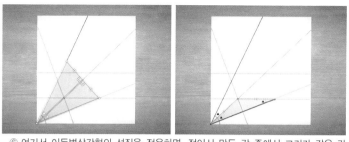

⑥ 여기서 이등변삼각형의 성질을 적용하면, 접어서 만든 각 중에서 크기가 같은 각
(∠▲)을 여러 개 찾을 수 있다.

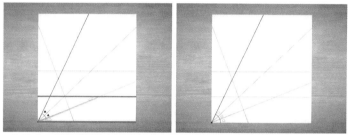

⑦ 이때 표시한 평행선(보라 선)을 기준으로 두 엇각의 크기가 서로 같으므로, 결국 임
의의 각은 삼등분이 된다.

이 방법은 눈금 없는 자와 컴퍼스만을 이용한 작도가 아니어서 수학계에서
는 제대로 인정받지 못했지만, 순다라 로는 3대 작도 불능 문제를 해결하는
새로운 가능성을 열었어요. 그는 우연히 접한 종이접기에서 아이디어를 얻
어 이 증명을 정리했다고 해요. 종이접기로 새로운 발견을 한 셈이지요.

029

레오나르도 다빈치의 〈인체 비례도〉

세상을 움직이는 기본 질서, 원과 정사각형

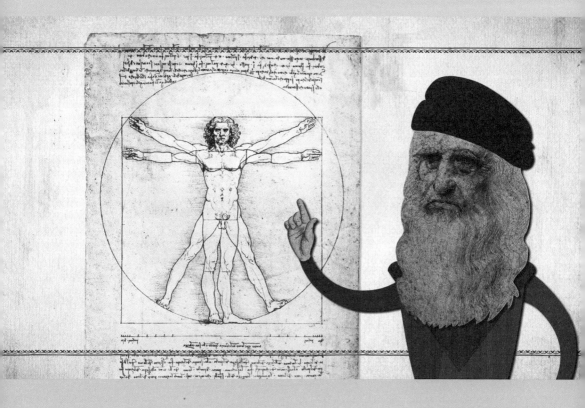

레오나르도 다빈치의 대표작
〈인체 비례도〉.
이것은 고대 로마의 건축가 비트루비우스가 쓴
「건축 10서」의 3장 신전 건축 편에 나오는
'인체에 적용되는 비례의 규칙을 신전 건축에 사용해야 한다'라는
대목에서 영감을 받아서 그린 작품이다.

비트루비우스는 우주를 이해하는 유일한 방법으로
비례를 갖춘 인간을 연구해야 한다고 생각했고,
다빈치는 이 생각을 작품으로 옮겨 〈인체 비례도〉를 완성했다.

고대인들에게 원은 만물을 상징하는 전체, 우주, 신을 뜻했다.
정사각형은 원의 부족한 부분을 채우는 지상의 것이나 세속적인 것을 의미했다.

이렇듯 당시 사람들에게 원과 정사각형은
우주와 세상을 움직이는 기본질서 그 자체였다.

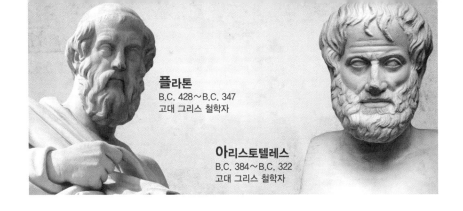

플라톤
B.C. 428~B.C. 347
고대 그리스 철학자

아리스토텔레스
B.C. 384~B.C. 322
고대 그리스 철학자

세상이 움직이는 이유

고대의 철학자, 수학자, 신비주의자들은 원에 특별한 상징적인 힘이 있다고 생각했어요. 플라톤은 원을 가장 완전한 도형이라 여겼고, 아리스토텔레스도 그 생각을 이어받아 우주는 지구를 중심으로 천체가 완전한 원운동을 한다고 믿었어요. 그들에게 원은 전체, 우주, 하늘, 신과 같은 존재였어요. 여기에 정사각형을 더하면 완벽한 세상을 표현할 수 있다고 믿었어요. 정사각형은 원의 부족한 점을 채우고, 땅과 세속적인 것들을 나타냈거든요.

로마의 천문학자였던 마닐리우스는 원 모양의 우주를 정사각형 모양의 틀이 꽉 붙들고 있지 않다면 하늘은 산산조각이 나서 흩어질 거라고 생각했어요. 즉 원과 정사각형이 우주와 세상을 움직이는 기본 질서의 상징이라고 여겼어요.

기원전 1세기 로마의 건축가였던 비트루비우스는 우주를 이해하는 유일한 방법은 비례와 균형을 갖춘 인간의 몸을 연구하는 것이라고 생각했어요. 그는 사람을 원과 정사각형 안에 꼭 맞게 그릴 수 있다고 주장했어요.

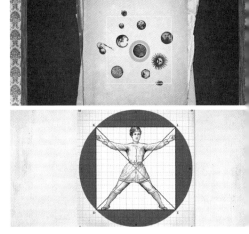

▼ 로마 천문학자 마닐리우스가 생각한 우주

▲ 로마 건축가 비트루비우스는 원과 정사각형 안에 사람을 꼭 맞게 그릴 수 있다고 주장했다.

두 도형 안에 꼭 맞는 인간을 그릴 수 있다는 믿음은 사람들에게 희망을 주었어요. 이것이 가능하다면 인간의 몸을 연구해서 그 결과로 세상이 움직이는 비밀을 풀 수 있다고 믿었기 때문이지요.

다빈치의 〈인체 비례도〉

르네상스 시대 이탈리아를 대표하는 천재 예술가이자 과학자인 레오나르도 다빈치는 3대 작도 불능 문제 중 하나인 원과 넓이가 같은 정사각형 작도 문제를 비트루비우스의 아이디어에서 출발해 다른 방식으로 생각했어요.

비트루비우스의 책 「건축 10서」의 3장 신전 건축 편에서 '인체의 건축에 적용되는 비례의 규칙을 신전 건축에 사용해야 한다'는 대목이 나와요. 다빈치는 여기서 아이디어를 얻어서 그림을 그리기 시작했어요. 그 내용은 다음과 같았죠.

"인간 몸의 중심은 배꼽이고, 등을 대고 누워 하늘을 보고 팔다리를 뻗은 다음, 컴퍼스의 중심을 배꼽에 맞추고 원을 그리면 두 팔의 손가락 끝과 두 발의 발가락 끝이 원에 닿는다. 또한 이는 정사각형으로도 된다. 위와 똑같이 누운 채로 발바닥에서 정수리까지 잰 길이를 세로로, 두 팔을 가로로 벌린 너비는 가로로 하는 정사각형의 넓이와 같다."

다빈치의 〈인체 비례도〉는 이렇게 해서 탄생했어요. 이 작품에는 우주를 상징하는 원, 땅을 의미하는 정사각형, 우주의 축소판인 인체, 그리고 인체의 아름다운 비례와 균형이 담겨 있어요. 철학적인 시선으로 바라본 세상과 기

하학의 만남, 그리고 인간과 자연에 대한 이해가 모두 담긴 작품이라 할 수 있어요. 수학의 기본도형인 원과 정사각형이 우리가 살고 있는 세상의 기초 질서임을 예술 작품으로 아름답게 표현한 다빈치의 천재성에 박수를 보냅니다.

030

알람브라 궁전, 그 아름다움의 비밀

테셀레이션으로 다각형 성질 이해하기

돌보다 붉은 흙을 더 많이 써서
'붉은 성'이란 뜻이 담긴
알람브라 궁전.

겉이 다소 투박해 보이는 궁전은
궁전 내부에 놀라운 반전이 숨어 있다.
궁전 내부에 장식된 아름다운 무늬들.
이 무늬는 일정한 모양이 끊임없이 반복되는 특징이 있다.

이렇게 같은 모양으로 평면이나 공간을
빈틈없이 메우는 것을
'테셀레이션'이라고 한다.

알람브라 궁전의 테셀레이션

스페인 남부 그라나다에 있는 알람브라 궁전은 옛날 이슬람 세력이 그라나다를 다스리던 시절에 만든 성곽이자 궁전이에요. 궁전을 지을 때 돌보다 붉은 흙을 더 많이 사용해서 '붉은 성'이라는 뜻으로 '알람브라'라고 불러요. 1492년 스페인의 이사벨 여왕은 그라나다를 정복하기 위해 나스르 왕조에게 도전장을 내밀었고, 전쟁이 일어나자 궁전은 파괴될 위험에 처했어요. 하지만 궁전이 마음에 들었던 이사벨 여왕은 "공격하지 마라! 그들이 항복할 때까지 기다려라!"라고 명령했어요.

전쟁에서 승리한 이사벨 여왕은 궁전을 가톨릭 교회로 바꾸려는 계획을 세웠어요. 하지만 궁전 안으로 들어가 보고서는 그 계획을 모두 취소했답니

▼ 알람브라 궁전의 내부 모습

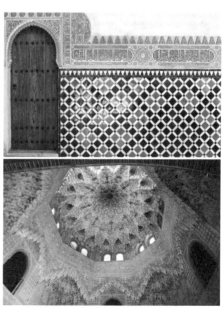

테셀레이션
도형을 반복적으로 이용하여 틈이나 포개짐
없이 평면 또는 공간을 완전히 채우는 것

다. 조금 투박해 보이는 겉모습과는 달리, 궁전 안을 장식한 무늬들이 무척
아름다웠기 때문이에요. 덕분에 오늘날까지 알람브라 궁전의 본연의 모습
을 볼 수 있게 됐어요.

알람브라 궁전의 문 주위와 벽면에 새겨진 기하학적 무늬는 일정한 모양이
반복되는 특징이 있어요. 이렇게 같은 도형을 반복해서 평면이나 공간을 빈
틈없이 메우는 것을 '테셀레이션'이라고 불러요.

1세기 고대 로마인들이 사용했던 '테세라(tessera)'라는 작은 정사각형 돌에
서 유래한 단어예요. 당시 테세라 역시 바닥에 모자이크 효과를 낼 때 사용
했다고 해요. 기원전 4세기부터 전해져 내려오는 이슬람 문화 속 벽걸이 융
단이나 보석함, 퀼트 등 다양한 곳에서도 테셀레이션 효과를 쉽게 찾아볼
수 있어요.

우리나라 전통 문양 속 쪽매맞춤

테셀레이션은 우리나라 전통 문양에서도 많이 찾아볼 수 있어요. 순우리
말로는 '쪽매맞춤'이라고 불러요.

1395년 태조 이성계가 세운 경복궁은 근정전을 중심으로 여러 채의 건물이
둘레를 에워싸고 있어요. 근정전 안쪽에는 임금의 침실인 강녕전과 왕비가
머물던 교태전이 있지요. 또 교태전은 아름다운 꽃담이 둘러싸고 있답니다.
그런데 이 예쁜 꽃담은 정사각형, 정육각형 등 다양한 모양의 쪽매맞춤으로

▲ 경복궁 교태전의 꽃담은 쪽매맞춤으로 채워져 있다.

채워져 있어요. 꽃담뿐만 아니라 사찰 문살 장식에서도 쪽매맞춤을 찾을 수 있어요.

사실 테셀레이션은 옛 건축물 외에도 보도블록처럼 우리 주변 길가 어디에서나 쉽게 볼 수 있어요. 예나 지금이나 테셀레이션은 우리 주변을 꾸미는 아주 훌륭한 도구예요.

정오각형 무늬 테셀레이션이 없는 이유

경복궁의 꽃담에서는 정사각형 무늬와 정육각형 무늬를 찾아볼 수 있어요. 하지만 정오각형만으로 이루어진 무늬는 찾아볼 수 없어요. 왜 그럴까요? 테셀레이션을 만들려면 빈틈이나 겹쳐지는 부분 없이 도형을 이어 붙여야 해요. 그러려면 한 점에 모인 각의 합이 360°가 되어야 해요.

정사각형의 한 내각의 크기는 90°, 정사각형 4개가 한 점에서 모인 각의 합은 360°예요. 정육각형 역시 한 내각의 크기가 120°이므로 정육각형 3개가 한 점에서 모이면 360°가 돼요. 또한 정삼각형 역시 한 내각의 크기가 60°이므로 정삼각형 6개가 한 점에서 모이면 360°가 돼요.

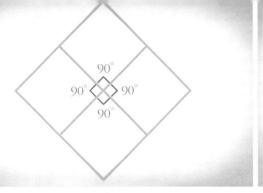
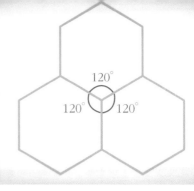

▲ 정사각형은 4개, 정육각형은 3개가 한 점에 모이면 360°가 되어 테셀레이션을 만들 수 있다.

그럼 정오각형은 어떨까요?

정오각형의 한 내각의 크기는 108°예요. 정오각형 3개가 한 점에 모인 각의 합은 324°로 36°만큼의 빈틈이 생기고 4개를 모으면 도형의 일부가 겹쳐져요. 따라서 정오각형만으로는 평면을 빈틈없이 채울 수가 없어요.

이러한 이유로 한 가지 정다각형만을 이용해 만들 수 있는 테셀레이션은 정삼각형, 정사각형, 정육각형 3가지 경우뿐이에요.

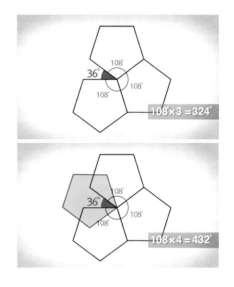

테셀레이션에 푹 빠진 에스허르

1936년 네덜란드의 유명한 판화가 에스허르가 알람브라 궁전을 찾았어요. 에스허르는 알람브라 궁전의 기둥과 벽면을 가득 채운 무늬를 유심히 관찰했어요. 궁전을 지을 당시 이슬람 사람들이 만들어 낸 아라베스크 무늬는 기하학적인 모양을 반복해 만들어 낸 장관이었어요. 아라베스크 무늬는 아랍 특유의 장식 문양을 말해요. 주로 아름다운 곡선과 부분적인 직선을

활용해 꽃이나 열매, 아기자기한 무늬로 평면을 가득 채워요. 이렇게 볼거리가 풍성했던 알람브라 궁전은 늘 인물이나 풍경 위주의 작품을 그리던 그에게 새로운 영감을 주었답니다.

▲ 이슬람 사람들이 만들어 낸 아라베스크 무늬

훗날 에스허르는 "알람브라 궁전의 분할 양식은 지금껏 나를 사로잡아 온 가장 풍부한 영감의 원천"이라고 말할 만큼, 알람브라 궁전을 특별하게 생각했어요.

알람브라 궁전의 테셀레이션 장식에서 영감을 얻은 에스허르는 반복되는 기하학 무늬를 연구하기 시작했어요. 헝가리 수학자 폴리아가 밑그림을 그린 17개의 벽지 디자인 무늬가 그에게 큰 도움을 주었어요.

오랜 연구 끝에 마침내 에스허르는 테셀레이션을 주요 기법으로 하는 그림을 그리기 시작했어요. 화면을 규칙적으로 나누고 기하학 무늬를 계속 반복해 평면을 채우는 방식이었어요.

에스허르의 〈변형Ⅱ〉라는 작품에 등장했던 도마뱀을 한번 그려 볼게요. 먼저 6개의 변으로 이뤄진 육각형에서부터 출발해요. 육각형을 6개의 삼각형으로 나누고, 각각의 삼각형 안에 밑그림을 그려요. 그런 다음 회전, 대칭 이동을 하면 도마뱀이 완성돼요. 그런 다음 이 조각을 이어 붙여 빈틈없는 도마뱀 모양의 테셀레이션을 만들었어요.

이렇게 만든 작품이 〈도마뱀〉이라는 작품이에요. 이 작품은 2차원 평면으로 그려진 도마뱀이 3차원 입체 도마뱀으로 이어져, 마치 도마뱀이 그림에서 나와 공간을 다니는 느낌이 들도록 표현했어요.

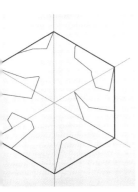  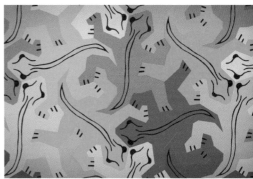

알람브라 궁전에서 영감을 얻은 에스허르는 이와 같은 방법으로 다양한 무늬에 수학 개념을 더해 자신만의 독창적인 작품을 완성했어요. 끊임없는 연구와 창의적인 생각으로 미술과 수학을 연결한 거예요. 이번 기회에 나만의 테셀레이션 무늬를 만들어 보는 건 어떨까요?

031

세상에 오직 5개뿐인 정다면체

정다면체를 연구한 수학자들

고대 그리스 시대부터 정다면체는 신비로운 대상이었다.
정사면체, 정육면체, 정팔면체, 정십이면체, 정이십면체
세상에 정다면체는 오직 5개뿐이기 때문이다.

이런 특별함 때문에 정다면체는
왕궁의 장식물로 쓰이거나
예술가들의 그림 속 소재로 사용됐다.

고대 그리스 수학자 플라톤은 정다면체가
각각 우주를 구성하는 5개의 원소,
불, 물, 흙, 공기, 우주를 상징한다고 생각했다.

정말 정다면체는 5개뿐일까?

수학자 유클리드는
'입체각의 합은 360°보다 항상 작다'는 성질을 이용해서
정다면체가 세상에 5개뿐이라는
사실을 수학적으로 증명했다.

정다면체의 조건

정다면체가 되려면 각 면은 모두 합동인 정다각형이어야 하고, 각 꼭짓점에서 모이는 면의 개수가 모두 같아야 해요. 이 조건을 만족하는 정다면체는
정사면체, 정육면체, 정팔면체, 정십이면체, 정이십면체로 모두 5개뿐이에요.

정사면체는 모든 면이 정삼각형이고 그 개수는 4, 각 꼭짓점에 모인 면의 개수는 3개예요. 정육면체는 모든 면이 정사각형이고 그 개수는 6, 각 꼭짓점에 모인 면의 개수가 3개예요. 정팔면체는 모든 면이 정삼각형이고 그 개수는 8, 각 꼭짓점에 모인 면의 개수는 모두 4개예요. 정십이면체는 모든 면이 정오각형이고 그 개수는 12, 각 꼭짓점에 모인 면의 개수는 모두 3개예요. 마지막으로 정이십면체는 모든 면이 정삼각형이고 그 개수는 20, 각 꼭짓점에 모인 면의 개수는 모두 5개예요.

플라톤
B.C. 428~B.C. 347
고대 그리스 철학자

정사면체-불

정육면체-흙

정팔면체-공기

정십이면체-우주

정이십면체-물

◀ 플라톤은 정다면체가 우주를 구성하는 5개 원소를 상징한다고 생각했다.

이렇게 일정한 규칙을 가진 정다면체는 오랜 시간 동안 수학자들에게 신비로운 연구 대상이었어요. 고대 그리스의 수학자 플라톤은 5개의 정다면체를 세상을 구성하는 5개 원소와 연결했어요. 정사면체는 불, 정육면체는 흙, 정팔면체는 공기, 정십이면체는 우주, 정이십면체는 물을 상징한다고 생각했어요. 플라톤은 이 5개의 정다면체가 세상의 모든 것을 포함한다고 생각했어요.

정다면체의 성질을 증명한 유클리드

유클리드는 오랜 고민 끝에 입체도형에 관한 두 가지 성질로 정다면체가 5개뿐이라는 사실을 증명했어요.

정다면체가 되려면 각 꼭짓점에 같은 개수의 정다각형이 모여 있어야 하고, 각 꼭짓점에 모인 정다각형의 내각의 크기의 합이 360°보다 작아야 해요.

유클리드
B.C. 330~B.C. 275
고대 그리스 수학자

예를 들어 한 꼭짓점에 정삼각형 3개가 모이면, 내각의 크기의 합은 180°가

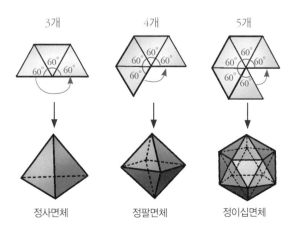

정사면체   정팔면체   정이십면체

되고, 이것을 입체도형으로 만들면 정사면체가 돼요. 이번엔 정삼각형 4개가 모이면, 내각의 크기의 합은 240˚가 되고, 이것을 입체도형으로 만들면 정팔면체가 돼요. 한 꼭짓점에 정삼각형이 5개가 모이면 내각의 크기의 합은 300˚이고, 이것을 입체도형으로 만들면 정이십면체가 돼요.

하지만 한 꼭짓점에 정삼각형이 6개가 모이면 내각의 크기의 합이 360˚가 되어 입체도형이 될 수 없어요. 따라서 정삼각형으로 만들 수 있는 정다면체는 정사면체, 정팔면체, 정이십면체뿐이에요.

이번에는 한 꼭짓점에 정사각형을 모아 볼 게요. 한 꼭짓점에 정사각형 3개가 모이면 내각의 크기의 합은 270˚가 되고, 이것을 입체도형으로 만들면 정육면체가 돼요.

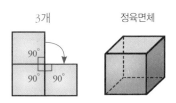

정사각형의 경우 4개만 모여도 내각의 크기의 합이 360˚가 되므로 정사각형으로 만들 수 있는 정다면체는 정육면체뿐이에요.

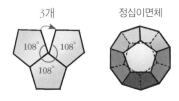

정오각형은 어떨까요?

한 꼭짓점에 정오각형 3개가 모이면 내각의 크기의 합은 324˚가 되고, 이것을 입체도형으로 만들면 정십이면체가 돼요. 정오각형 역시 4개만 모여도 내각의 크기의 합이 360˚를 넘기 때문에 더 이상 입체도형은 만들기 어려워요.

한 꼭짓점에 정육각형 3개를 모으면, 내각의 크기의 합이 360˚로 평면이 되므로 입체도형을 만들 수 없어요.

이렇게 유클리드는 세상에 정다면체는 5개뿐이라는 사실을 수학적으로 증명했어요.

로마 시대의 주사위 | 정이십면체

로마 시대의 주사위 | 정육면체

어느 한쪽으로도 치우치지 않는 균형적이고 안정적 정다면체는 고대 사람들이 볼 때 정말 매력적이었어요. 로마 사람들은 주사위 놀이를 하며 여가를 즐겼는데, 이때 사용한 주사위는 모양이 정이십면체 또는 정육면체였어요. 정다면체는 놀이에 이용될 뿐만 아니라 예술 작품에도 등장하곤 했어요. 이탈리아의 화가 야코포 데 바르바리의 작품 〈파치올리 수사와 어느 젊은이〉에는 정십이면체가 등장해요. 당시 예술가들은 수학의 매력에 푹 빠져, 작품에 정다면체 도형을 그려 넣는 것을 즐겼다고 해요.

야코포 데 바르바리
〈파치올리 수사와 어느 젊은이〉 1495

아르키메데스
B.C. 287~B.C. 212
고대 그리스 수학자, 물리학자

고대 그리스의 수학자 아르키메데스는 정다면체를 이용해 특별한 모양의 또 다른 다면체를 발견했어요. 과연 어떤 방법으로 발견 했을까요?

정사면체의 한 면인 정삼각형의 모든 변을 각각 삼등분을 해요. 그런 다음 꼭짓점의 삼등분 점을 아래 그림과 같이 연결해요. 그러면 한 면은 가운데 육각형 하나와 삼각형 3개로 나눠져요.

이제 이 아래 붉은 선대로 정사면체 도형을 깎아 내면, 새로운 모습의 다면체가 돼요. 이렇게 새로 만들어진 다면체는 꼭짓점마다 정육각형 2개와 정삼각형 1개가 만나요.

꼭짓점에 모인 면의 개수가 일정하고, 두 종류 이상의 정다각형 면으로 이루어진 다면체를 '준정다면체'라고 해요. 준정다면체는 발견한 수학자 이름을 본 따 '아르키메데스의 다면체'라고도 불러요.

■ 정사면체로 준정다면체 만들기

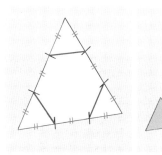

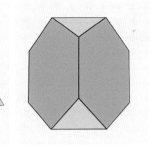

① 정사면체의 한 면인 정삼각형의 모든 면의 변을 삼등분한다.　② 각 면을 삼등분한 선(붉은 선)을 따라 밑면과 평행하게 자른다.　③ 준정다면체 중 하나인 깎은 정사면체가 된다.

그럼 정다면체를 잘라 준정다면체를 만들어 볼까요?

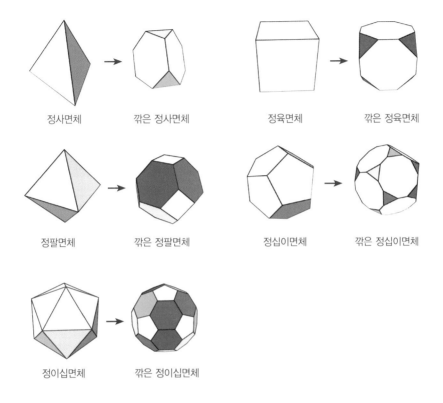

정사면체   깎은 정사면체   정육면체   깎은 정육면체

정팔면체   깎은 정팔면체   정십이면체   깎은 정십이면체

정이십면체   깎은 정이십면체

정사면체를 잘라서 준정사면체를 만든 것처럼 정다면체의 각 모서리의 삼
등분 점을 선분으로 연결해 자르면 준정다면체를 만들 수 있어요. 정육면체
를 자르면 정삼각형과 정팔각형으로 이뤄진 '깎은 정육면체'가 돼요. 또 정
팔면체는 정육각형과 정사각형으로 이루어진 '깎은 정팔면체'가, 정십이면
체는 정삼각형과 정십각형으로 이루어진 '깎은 정십이면체'가 돼요. 마지막
으로 정이십면체는 정오각형과 정육각형으로 이루어진 '깎은 정이십면체'가
돼요.

축구공에 담긴 정다면체

   보통 축구공하면 대부분 오른쪽 그림과 같은 12개의 정오각형과 20개의 정육각형으로 이루어진 '깎은 정이십면체'를 떠올려요. 그 이유는 최초의 월드컵 공인구, 1970년 멕시코 월드컵의 '텔스타'부터 2002년 한일월드컵의 '피버노바'까지 깎은 정이십면체를 기초로 모양이 조금씩 달라졌기 때문이에요. 축구공은 평면인 가죽 조각을 잘라 입체도형으로 만들기 때문에 사람들은 기준이 되는 도형을 정할 때 구와 모양이 가장 비슷한 준정다면체를 떠올렸어요.

만약 축구공을 만들 때 정육각형만 사용하면, 한 꼭짓점에 모이는 내각의 크기의 합이 360°가 돼서 입체도형으로 만들 수 없어요. 반면 정오각형 1개와 정육각형 2개를 사용하면, 한 꼭짓점에 모이는 내각의 크기의 합이 348°가 돼서 둥근 구에 가장 가까우면서 동시에 축구공의 재료인 가죽을 경제적으로 사용할 수 있게 되지요.

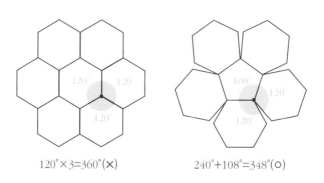

120°×3=360°(✗)   240°+108°=348°(○)

시간이 흐를수록 사람들은 더 완벽하게 구를 닮은 축구공을 원했고, 월드컵 공인구는 점점 정교해졌어요. 2006년 독일 월드컵 공인구 '팀가이스트'부터 혁신이 일어나기 시작하더니, 2010년 남아공 월드컵 공인구 '자블라니'와 2014년 브라질 월드컵 공인구 '브라주카'를 거쳐 완벽한 구에 가까워진 모

육팔면체

십이이십면체

깎은 육팔면체

깎은 십이이십면체

부풀린 육팔면체

부풀린 십이이십면체

다듬은 육팔면체

다듬은 정이십면체

양이 됐어요. 특히 브라주카는 공인구 중에서 가장 적은 조각으로 만들어진 공으로, 최초로 구 테셀레이션으로 만든 축구공이에요.

이렇게 정다면체들의 각 꼭짓점을 깎거나 각 면을 늘여서 만들 수 있는 준정다면체는 앞서 살펴본 5개와 위의 8개를 포함해 모두 13개나 돼요.
세상에 5개뿐인 매력덩어리 정다면체, 정말 다양한 곳에서 매력을 뽐내고 있지요?

032

과일이 둥근 이유

과일로 입체도형의 성질 알기

과일은 대부분 둥글다.
사각기둥 같은 각진 모양의 과일은 좀처럼 보기 어렵다.

과일은 수천 년 동안 생존하면서
둥근 모양으로 자라왔다.

과일은 둥근 구 모양일 때
햇빛을 골고루 받을 수 있고,
과육과 과즙을 많이 저장할 수 있다.
또 씨앗을 안전하게 보호해 멀리 퍼뜨리기에
구 모양이 알맞다.

과일이 생존을 위해 선택한 둥근 구 모양! 이 둥근 모양에는 수학적 비밀이 숨겨져 있다.

새콤달콤 맛있는 과일은 대부분 둥근 모양이에요. 바나나처럼 길쭉한 모양도 있긴 하지만, 삼각기둥이나 사각기둥처럼 각진 과일은 찾기 어려워요.

아마 생존을 위해 햇빛을 골고루 받을 수 있고, 과육과 과즙을 많이 저장하여 씨앗을 안전하게 보호하고 멀리 퍼뜨리기 좋은 모양을 선택해 진화한 것이겠죠.

과일이 왜 둥근 구 모양을 선택했는지 수학적으로 생각해 봅시다.
다음과 같이 겉넓이가 모두 $600cm^2$로 같은 사각기둥, 원기둥, 구 모양의 과일이 있어요.

겉넓이 : $600cm^2$

부피 : $1000cm^3$ **부피 :** $1123cm^3$ **부피 :** $1381cm^3$

사각기둥 과일의 경우 (정육면체의 겉넓이)=(한 면의 넓이)×6=$600cm^2$이므로 정육면체의 한 변의 길이는 10cm예요. 따라서 사각기둥 과일의 부피 (밑넓이)×(높이)를 계산하면 1000cm³가 돼요.

원기둥 과일의 경우 (원기둥의 겉넓이)=(밑넓이)×2+(옆넓이)=$\pi r^2 \times 2 + 2\pi r \times$(높이)는 600cm²이므로 π=3.14, (높이)=10cm를 대입하면 밑면의 반지름의 길이가 약 5.98cm라는 걸 알 수 있어요. 따라서 원기둥 과일의 부피 (밑넓이)×(높이)를 계산하면 약 1123cm³가 돼요.

마지막으로 구 과일의 경우 (구의 겉넓이)=$4\pi r^2$=600cm²이므로 구의 반지름 r은 6.91cm라는 걸 알 수 있어요. 따라서 구 과일의 부피 $\frac{4}{3}\pi r^3$을 계산하면 약 1381cm³가 돼요.

이렇게 겉넓이가 같을 때, 부피가 가장 큰 도형은 구라는 사실을 알 수 있어요. 과일의 모양이 구일 때 가장 많은 과육과 과즙을 저장할 수 있는 것이지요. 또한 대부분의 과일은 익을 때까지 나무에 달려 있어요. 이때 햇빛을 골고루 받고 바람의 저항을 적게 받으려면 구 모양이 가장 적합해요. 또 씨앗을 안전하게 보호하고 멀리 퍼뜨리기에도 좋아요.

원뿔과 구, 원기둥은 특별한 사이

기둥의 부피는 (밑넓이)×(높이)로 계산해요. 기둥 단면의 넓이와 밑넓이가 같고, 그 밑넓이가 높이만큼 채워져 있으므로 둘을 곱해서 계산하는 방식이에요. 그럼 구의 부피는 어떻게 계산할까요?

구의 부피를 구하는 가장 쉽고 간단한 방법은 원기둥의 부피와 비교해 보는 거예요. 밑면의 반지름이 r이고, 높이가 $2r$인 원기둥에 물을 가득 채운 다음, 반지름이 같은 구를 원기둥에 넣어요. 그러면 원기둥에 가득 찬 물이 넘치겠지요. 넘친 물의 양이 바로 구의 부피가 되는 거예요.

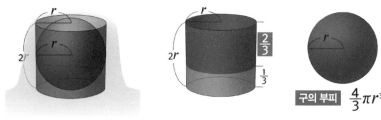

구의 부피 $\dfrac{4}{3}\pi r^3$

▲ 구의 부피는 원기둥 부피의 $\dfrac{2}{3}$이다.

이때 구를 넣었다 뺀 원기둥에는 물이 $\dfrac{1}{3}$만큼만 남아요. 구의 부피는 원기둥 부피의 $\dfrac{2}{3}$라는 사실을 알 수 있어요.

이를 식으로 표현해 보면, $\dfrac{2}{3}\times(밑넓이)\times(높이)=\dfrac{2}{3}\times\pi r^2\times2r$, 즉 $\dfrac{4}{3}\pi r^3$이라는 것을 알 수 있어요.

이때 구를 넣었다 빼고 원기둥에 남아 있는 물이 모두 그대로 채워지는 입체도형이 있어요. 바로 밑면의 반지름이 r이고, 높이가 $2r$인 원뿔이에요. 이 원뿔에 원기둥에 남아 있는 물을 부으면, 한 치의 오차도 없이 채워져요. 다시 말해 원뿔의 부피는 원기둥 부피의 $\dfrac{1}{3}$이 된다는 말이에요.

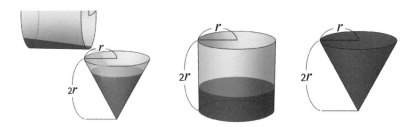

▲ 원뿔의 부피는 원기둥 부피의 $\dfrac{1}{3}$이다.

즉 원뿔, 구, 원기둥 사이의 부피 관계는 1:2:3과 같은 비가 성립해요.

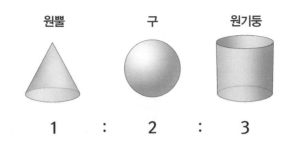

▲ 원뿔, 구, 원기둥 사이의 부피 관계

이 비례 관계를 최초로 증명한 사람은 고대 수학자 아르키메데스예요. 그는 기하학에 대단한 관심과 열정을 보였어요.

아르키메데스는 세 도형의 부피 관계를 깨닫고 정말 기뻐서 이를 자신의 묘비에 새겨 놓았다고 해요. 허나 안타깝게도 지금까지 실제 비석의 흔적은 발견되지 않았어요. 그가 기하학을 사랑했던 열정과 연구 기록만큼은 그대로 오늘날까지 전해져 우리가 배우고 있지요.

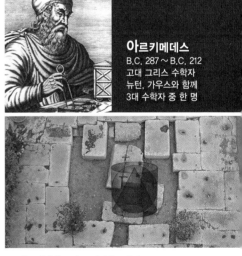

아르키메데스
B.C. 287 ~ B.C. 212
고대 그리스 수학자
뉴턴, 가우스와 함께
3대 수학자 중 한 명

▲ 아르키메데스의 묘가 있는 자리

033

세상을 바꾼 작은 아이디어, Q드럼

기둥의 부피 이해하기

크고 무거운 물통을 들고
매일 물을 길어야 하는
아프리카의 아이들을 위한 물통,
Q드럼!

그동안 아이들은 가족이 하루 동안 쓸 물을 길러
2~3시간씩 걸어야 하는 수 킬로미터의 길을
하루에도 몇 번씩 왕복해야 했다.

원기둥 모양의 Q드럼은 정말 단순하고 특별하지 않지만,
물을 긷는 아이들에게는 무척 실용적인 물통이다.

Q드럼은 한 가족이 하루 동안 쓸 수 있는 50리터의 물을
한 번에 담을 수 있고, 물통 모양이 바퀴를 닮아
힘이 약한 어린아이도 굴려서 쉽게 운반할 수 있다.

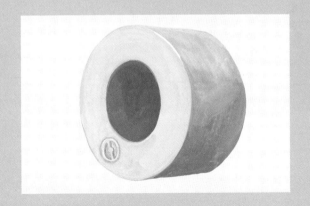

뜨거운 태양 아래 비가 오지 않아 땅이 말라가는 곳, 식물도 잘 자라지 않는 척박한 땅 아프리카에서 살아가는 사람들에게 '물'은 아주 소중한 자원이에요. 하지만 워낙 생활환경이 좋지 않은 데다가 경제적으로 어려워 집집마다 갖춰진 수도 시설은 꿈도 못 꾸는 상황이지요.

이곳에 사는 아이들은 돈 벌러 나간 부모를 대신해 매일 아침 찌그러진 물통을 들고 가족이 사용할 물을 길러 길을 나서야 해요. 수도 시설은 집에서 수 km, 멀게는 수십 km나 떨어져 있어요. 아이들이 하루에 5~6번은 왕복해야 하루 동안 한 가족이 사용할 양의 물을 가져올 수 있다고 해요. 아이들은 가족의 생활을 위해 묵묵히 무거운 물동이를 들고 먼 길을 다녔지요.

한스 헨드릭스
1942~2013
Q드럼을 디자인하고 개발한
남아프리카 공화국 디자이너

이런 아이들을 안타까워하는 디자이너가 있었어요. 남아프리카공화국의 디자이너 한스 헨드릭스는 아이들에게 도움을 주고 싶어 'Q드럼'이라는 물통을 개발했어요.

Q드럼은 그 모양이 바퀴를 닮아서 아이들이 물을 담아 굴려서 운반할 수 있는 물통이에요.

사용법도 아주 간단해요. 노란색 마개를 열고 물통에 물을 가득 채운 뒤 다시 마개를 닫아요. 그런 다음 가운데 구멍에 끈을 끼우고 굴리면 돼요.

남녀노소 누구나 쉽게 물을 운반할 수 있는 획기적인 발명품인 Q드럼은 아프리카 지역에 새로운 바람을 일으켰어요.

Q드럼엔 물이 얼마나 들어갈까?

아프리카 지역에서 보통 4~5명 정도의 한 가족이 하루에 필요한 물의 양은 약 50L라고 해요. 과연 Q드럼에는 한 번에 몇 L의 물이 들어갈까요? Q드럼에 들어가는 물의 양을 구하려면, 먼저 원기둥의 부피를 구하면 돼요. 원기둥의 부피는 (밑넓이)×(높이)로 구할 수 있고, 이때 원기둥 밑넓이는 원의 넓이를 구하는 공식으로 계산하면, 원기둥의 부피는 π×(반지름)^2×(높이)로 구할 수 있어요.

가운데 구멍이 뚫린 Q드럼의 부피는 큰 원기둥의 부피에서 작은 원기둥의 부피만큼을 빼서 구하면 돼요. 원기둥의 높이를 36cm, 큰 원기둥의 반지름이 25cm, 작은 원기둥의 반지름이 13.5cm, 이때 π는 근삿값 3.14라고 가정하고 공식에 각각의 값을 대입하면, 큰 원기둥의 부피는 약 70000cm^3, 작은 원기둥의 부피는 약 20000cm^{3}가 돼요. 1000cm^3=1L니까, Q드럼에는 70L−20L로 약 50L의 물을 채울 수 있어요.

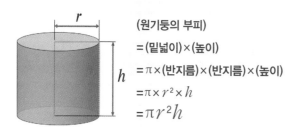

(원기둥의 부피)
= (밑넓이) × (높이)
= π × (반지름) × (반지름) × (높이)
= π × r^2 × h
= $\pi r^2 h$

$3.14 \times 25^2 \times 36$
$=70650$, 약 70000(㎤)

$3.14 \times 13.5^2 \times 36$
$=20601$, 약 20000(㎤)

$70000 - 20000 = 50000 (cm^3)$

$1000cm^3 = 1L$

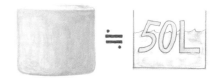

Q드럼에는 아프리카에 사는 한 가족이 하루에 필요한 물의 양인 50L의 물을 한 번에 채울 수 있어요. Q드럼을 사용하면 아이들은 하루에 한 번만 물을 길러 가면 돼요.

카발리에리의 원리

입체도형의 부피와 관련된 재미있는 성질이 있어요. 동전으로 만든 원기둥을 이용해 알아볼게요.

동전을 한참 쌓아 올려 원기둥을 만들었어요. 그런 다음 동전 탑이 만든 원기둥을 오른쪽 그림과 같이 밀어서 피사의 사탑처럼 모양을 다르게 했어요. 그럼 두 동전 탑의 부피는 같을까요, 다를까요?

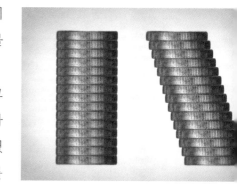

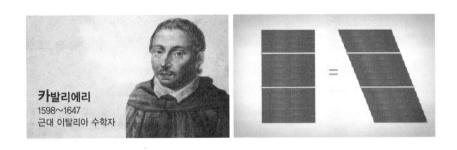

두 입체도형을 평행인 평면으로 잘랐을 때, 그 잘린 부분의 넓이가 항상 같
다면 두 입체도형의 부피는 항상 같아요. 이 성질을 제일 먼저 알아낸 사람
은 이탈리아의 수학자 카발리에리예요. 그래서 이를 '카발리에리의 원리'라
고 불러요. 카발리에리의 원리에 따라 원기둥을 S라인으로 만들어도 부피
는 항상 같아요.

스페인에 있는 키오타워스는 옆으로 비스듬히 지어졌는데, 이것을 똑바로
세워 직육면체로 만들어도 그 부피는 같아요.

사람들의 관심과 사랑으로 태어난 Q드럼, 이처럼 수학에서 영감을 얻어 상
상의 나래를 펼치는 일이 세상을 바꾸는 힘이 될 수도 있답니다.

▲ 스페인 키오타워스

034

나폴레옹과 수학

전쟁을 승리로 이끈 삼각형의 합동

"수학의 발전은 국가의 번영을 좌우한다."

'내 사전에 불가능은 없다'라는
유명한 말을 남긴 나폴레옹의 말이다.

나폴레옹의 취미는 수학 문제 풀기였다.

나폴레옹은 군사 전략을 짜는 방법과
수학에서 어떤 정리를 증명하는 게 비슷하다고 여겼다.
또 기분이 좋지 않을 때는 간단한 수학 문제를 풀면서
기분 전환을 할 정도로 수학을 좋아했다.

실제로 그는 수학적인 아이디어를 군사 전략에 많이 활용했고,
전쟁을 계속 승리를 이끌다가 1804년 프랑스 황제로 즉위했다.

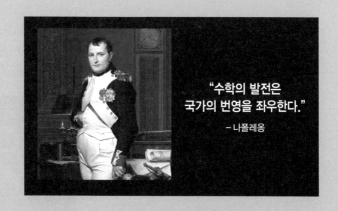

"수학의 발전은
국가의 번영을 좌우한다."

– 나폴레옹

나폴레옹
1769~1821
프랑스 군인, 황제

나폴레옹, 수학자 양성 학교를 세우다

프랑스 황제 나폴레옹은 프랑스 혁명을 경험하면서 실력이 뛰어난 수학자가 있어야 강한 나라를 만들 수 있다고 생각했어요. 수학자가 있어야 성능이 좋은 무기를 개발하고, 전쟁에서 이길 수 있는 군사 전략을 세울 수 있다고 생각했거든요.

나폴레옹은 권력이 생기자, 1794년 수학자를 양성할 수 있는 전문학교 '에콜 폴리테크니크'를 세웠어요. 이 학교는 오늘날에도 프랑스에서 수학을 가장 잘하는 학교로 이름나 있어요. 나폴레옹은 프랑스의 모든 학교 교육 과정에 수학을 필수 과목으로 만들었어요. 그전에는 문학과 어학만 필수 과목이었어요.

뿐만 아니라 나폴레옹은 수학자들과도 친하게 지내고, 전쟁 중에도 틈틈이 수학 문제를 풀 정도로 수학을 좋아했어요.

위기를 수학으로 극복하다

나폴레옹이 이끌던 프랑스 군대는 이탈리아를 정복하자, 다음 목표를 라인강 건너의 독일로 정했어요.

전쟁을 계속하던 어느 날 나폴레옹은 위기에 처했어요. 몇 날 며칠을 노력해도 아군의 포탄이 강을 넘지 못했거든요.

좌절도 잠시 프랑스 군대는 나폴레옹의 지시에 따라 포탄을 쐈고, 마침내 전쟁에서 승리했어요. 강을 넘지 못하던 포탄이 대체 어떻게 강을 건널 수 있었을까요?

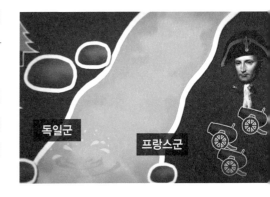

독일군

프랑스군

나폴레옹은 직접 나서서 전략을 수
정했어요. 자신의 몸을 삼각형의
한 변으로 생각하고, 모자챙의 연
장선이 강 반대쪽에 닿는다고 생각
했지요. 그렇게 삼각형을 하나를

그리고 돌아서서 같은 방법으로 삼각형을 하나 더 만들었어요. 이때 두 삼
각형은 모양과 크기가 같은 '합동'이라고 생각했어요.

두 삼각형을 직접 포개어 보지 않아도 몇 가지 조건만 살펴보면 합동인지
알 수 있는데, 이것을 '삼각형의 합동조건'이라고 불러요. 삼각형의 변은 영
어로 side라서 그 첫 글자를 따 S, 각은 angle이라서 그 첫 글자를 따 A라고
표시해요. 삼각형의 합동조건은 세 가지가 있어요.

먼저 대응하는 세 변의 길이가 모두 같으면 두 삼각형은 'SSS합동'이라고 해
요. 두 번째로 대응하는 두 변의 길이가 같고, 그 끼인각의 크기가 같으면
'SAS합동'이라고 해요. 마지막으로 대응하는 한 변의 길이가 같고, 그 양 끝
각의 크기가 같으면 'ASA합동'이라고 해요.

■ 삼각형의 합동조건

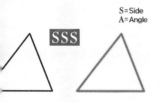

▲ 대응하는 세 변의 길이
가 서로 같다.

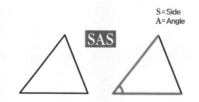

▲ 대응하는 두 변의 길이가 각각 같고 그 끼인각
의 크기가 같다.

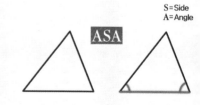

▲ 대응하는 한 변의 길이와 그 양 끝
각의 크기가 각각 같다.

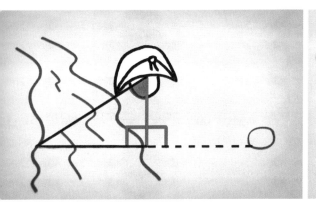

대응하는 **한 변**의 길이와
그 양 끝 각의 크기가 각각 같다

나폴레옹은 삼각형의 합동조건을 떠올렸어요. 먼저 두 삼각형이 공유하는
한 변의 길이를 자신의 몸이라고 생각했어요. 그랬더니 땅과 닿은 발의 각
도는 90°로 자연스럽게 한쪽 끝 각의 크기가 같아졌고, 나머지 한 각의 크기
는 자신의 모자챙으로 같게 만들어 ASA 합동조건을 갖췄어요.

나폴레옹은 삼각형의 합동조건 ASA를 이용해 강폭을 예측해 강 건너까지
무사히 포탄을 쏠 수 있었어요. 삼각형이 전쟁을 승리로 이끈 셈이지요.

035

삼각형으로 지은 에펠탑

건물을 안전하게 짓는 방법, 트러스 구조

철골 덩어리, 비극적인 가로등, 체육관의 훈련 도구 한 짝,
철사다리로 만든 깡마른 피라미드…

이것은 놀랍게도 과거 에펠탑을 수식하던 말들이다.

삼각 철골 구조로 지어진 에펠탑은 당시
주민들의 걱정거리일 뿐이었다.
외부의 힘을 견디지 못해
결국 뒤틀려 쓰러지게 될 거라는 우려 때문이었다.

하지만 설계와 건축을 맡았던 구스타브 에펠은
자신 있게 모든 책임을 떠안고 공사를 마무리했고,
그의 말대로 120여 년이 지난 지금까지 튼튼하게 잘 서 있다.
그가 자신할 수 있었던 건 모두 삼각형 덕분이었다.

삼각형은 다른 여느 도형과 다르게
외부의 어떤 힘에도
모양이 쉽게 변하지 않는다.

이것이 바로 에펠이 삼각형 구조를 선택해 에펠탑을 지은 이유다.

"에펠탑이 있음으로써 프랑스는
3백 미터 높이의 깃대에
국기를 휘날릴 수 있는
유일한 국가가 될 것이다."

–구스타브 에펠

프랑스를 상징하는 에펠탑의 높이는 무려 324m, 1889년 완성된 뒤로 40년 동안 세계에서 가장 높은 구조물이었어요. 에펠탑은 철골 조각 1만 8천 개, 철골과 철골을 잇는 부품인 리벳 250만 개를 이용해 300명의 기술자가 25개월 만에 완성했어요.

구스타브 에펠

1832~1923
프랑스 건축가
철저한 수학적 계산으로 수많은
다리를 건설한 토목 건축가

에펠탑은 프랑스의 토목 건축가 구스타브 에펠이 설계한 작품이에요. 주로 철로 다리(Bridge)를 만들어 왔던 에펠은 그 기술을 에펠탑을 만드는 데 그대로 적용했어요.

에펠탑을 만드는 설계도는 모두 5300여 장, 에펠탑을 몇 개의 부분으로 나눠서 만들었지요. 모두 수학적으로 철저하게 계산해, 마치 블록을 쌓아 올리듯 기중기로 부분 부분 쌓아 올려 25개월 만에 에펠탑을 완성했어요.

프랑스의 상징 에펠탑이 처음부터 환영받은 건 아니에요. 에펠탑이 세워질 예정이던 샹 드마르스 지역 주민들은 프랑스 정부와 시 당국에 에펠탑이 세워지지 못하도록 소송을 걸었고, 수많은 기술자와 건축가는 삼각 철골 구조의 토대가 철골의 무게와 바람 같은 외부의 힘을 견디지 못해 결국 뒤틀리게 될 거라고 주장했어요.

▲ 에펠탑의 거의 모든 부분은 삼각형 구조로 돼 있다.

결국 에펠이 모든 책임을 지겠다고 약속한 끝에 공사를 계속할 수 있었어요.
에펠은 어떻게 자신만만하게 단언할 수 있었을까요?

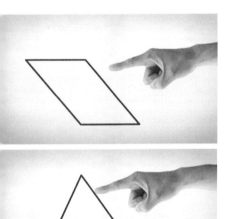

에펠탑의 비밀은 삼각형

에펠탑의 철탑 꼭대기부터 유심히 살펴보면, 거의 모든 부분이 삼각형으로 돼 있다는 걸 알 수 있어요. 에펠탑을 올라가 보면 그 내부 역시 삼각형이라는 것을 알 수 있어요.

사각형은 바람과 같은 외부의 힘에 그 모양이 쉽게 변하지만, 삼각형은 세 변의 길이가 정해지면 모양이 한 가지로 정해지기 때문에 외부의 힘에도 쉽게 변형이 일어나지 않아요.

그래서 에펠은 외부에 힘에도 변형이 일어나지 않는 튼튼한 탑를 만들기 위해 삼각형 구조로 만든 거예요.

이러한 삼각형 구조를 건축에서는 '트러스 구조'라고 불러요. 트러스 구조는 모양이 쉽게 변하지 않고 안정적이기 때문에 튼튼하게 지어야 하는 건축물이나 다리를 만들 때 자주 쓰여요.

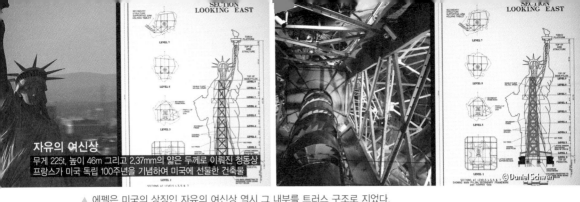

자유의 여신상
무게 225t, 높이 46m 그리고 2.37mm의 얇은 두께로 이뤄진 청동상
프랑스가 미국 독립 100주년을 기념하여 미국에 선물한 건축물

▲ 에펠은 미국의 상징인 자유의 여신상 역시 그 내부를 트러스 구조로 지었다.

삼각형 구조의 철골은 에펠탑뿐만 아니라, 에펠의 다른 작품에서도 볼 수 있어요. 에펠은 에펠탑을 만들기 전, 트뤼이엘 강의 깊은 계곡을 가로지르는 가라비 교를 만들었어요. 뉴욕의 상징인 자유의 여신상도 에펠의 작품이에요. 225톤의 엄청난 무게를 자랑하는 자유의 여신상 역시, 그 내부가 트러스 구조로 지어져 있어 무게를 튼튼하게 지탱하고 있어요.

튼튼한 건축의 기본, 트러스 구조

트러스 구조는 현대 건축에서는 빼놓을 수 없는 건축법이에요. 트러스 구조는 쉽게 변형이 일어나지 않고 안정된 형태를 유지하므로 튼튼함이 생명인 건축물이나 다리는 대부분 트러스 구조로 만들었다고 해도 과언이 아니에요.

우리나라 최초의 돔 구장인 '고척 스카이돔'에서도 트러스 구조를 볼 수 있

▼ 우리나라 최초의 돔 구장 '고척 스카이돔'에서도 트러스 구조를 볼 수 있다.

고척동 돔 야구장
반구형으로 된 지붕이나 천장으로 덮인 대한민국 최초의 돔 야구장

어요. 삼각형 철골 구조 위에 반투명으로 자연 채광이 가능한 특수 비닐(테프론 막)로 덮어, 비 오는 날에도 야구 경기를 관람할 수 있는 돔 구장을 완성했어요.

사실 트러스 구조를 이용해 돔을 짓는 일은 오래전부터 있었던 일이에요. 특히 20세기의 레오나르도 다빈치라고 불리는 리차드 벅민스터 풀러는 1967년 몬트리올 엑스포 미국관을 디자인해 세계를 깜짝 놀라게 했어요. 삼각형을 빈틈없이 이어 붙여 건물 안에 기둥이 하나도 없는 반구 모양으로 안정적인 돔을 처음 선보였기 때문이지요. 이 돔의 이름은 '지오데식 돔'이에요. 지오데식 돔은 내부 공간을 넓게 확보할 수 있고, 헬리콥터가 눌러도 전혀 문제없을 만큼 외부의 압력으로부터도 안전해요. 게다가 조각을

▲ 리처드 벅민스터 풀러가 디자인 한 몬트리올 엑스포 미국관

조립하는 방식으로 건물을 지을 수 있어서 제작도 간편해요.

트러스 구조에서 한 걸음 더 나아가 새로운 건축 방법을 개발하는 사람들도 있어요. 삼각형 모양의 철골이 만나 마름모 모양이 나오게 하는 방법을 '다이아그리드 공법'이라고 해요. 서울 강남에 있는 치즈 모양의 건물 어반 하이브가 이 방법으로 지어졌어요. 어반 하이브는 건축 면적이 좁아 건물 안쪽 기둥을 모두 없애야 하는 상황에서 다이아그리드 공법으로 튼튼한 외벽

▼ 강남의 어반 하이브는 다이아그리드 공법으로 지었다.

을 만들어 건물의 안정성을 높였어요. 철골 위에 40cm 두께로 콘크리트를 부어 외벽을 만들고, 거기에 구멍을 뚫어 동그란 창문을 만들었어요. 이렇게 만든 외벽이 기둥 대신 17층 건물을 지탱하고 있는 거예요.

사실 사각형, 오각형, 육각형은 대각선을 그려 삼각형으로 나눌 수 있어요. 이처럼 삼각형은 모여서 돔을 만들 수도 있는 기본도형이 돼요. 안전한 건축물의 기본 역시 삼각형이라는 사실, 잊지 마세요.

▲ 어반 하이브는 겉모양이 치즈 모양을 닮았다.

036

그림으로 피타고라스 정리 증명하기

여러 가지 피타고라스 정리 증명법

직각삼각형에서 직각을 낀 두 변의 길이를 각각 a, b,
빗변의 길이를 c라 할 때,
항상 $a^2+b^2=c^2$가 성립하는데
이것을 '피타고라스 정리'라고 한다.

과거 유클리드와 같은
여러 수학자들뿐만 아니라
이 공식에 흥미를 갖고 있던
다양한 분야의 사람들이
각자 자신만의 방법으로 증명했다.

오늘날까지 밝혀진 피타고라스 정리 증명 방법은
400가지가 넘는다.

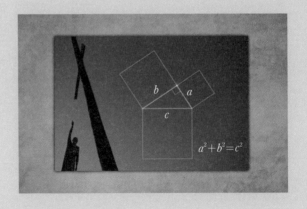

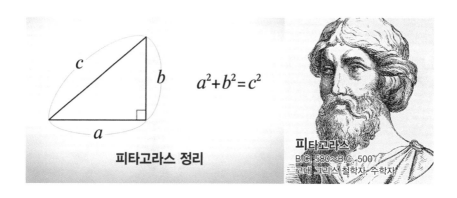

피타고라스
B.C. 580~B.C. 500
고대 그리스 철학자, 수학자

피타고라스 정리

고대 그리스의 수학자 피타고라스는 직각삼각형들 사이에서 공통된 한 가지 법칙을 찾아냈어요. 직각삼각형에서 직각을 낀 두 변의 길이를 각각 a, b, 빗변의 길이를 c라고 할 때, $a^2+b^2=c^2$가 항상 성립한다는 사실이에요. 신기하게도 이 공식은 모든 직각삼각형에서 통했고, 피타고라스의 이름을 따 '피타고라스 정리'라고 불렀어요.

사실 피타고라스 정리는 피타고라스가 이 성질을 발견하기 오래전에 이미 존재했어요. 또 기록에 남아 있는 증명법은 수학자 유클리드가 증명한 것이라는 의견도 많아요. 안타깝게도 피타고라스와 관련된 기록은 어디에도 나와 있지 않아서 확실한 내용은 알 수 없어요. 단지 고대 작가인 플루타르크에 의해 이 정리를 발견한 피타고라스가 매우 기뻐했고, 이 영광을 신에게 돌리기 위해 소 100마리를 제물로 바쳤다는 이야기가 전해 내려오고 있어요.

후대 수학자들은 만약 피타고라스가 이 정리를 증명했다면 어떻게 아이디어를 얻었을지 추측했어요. 그중 하나가 바로 바닥에 깔린 타일에 피타고라스 정리를 적용해 일반화했다는 설이에요.

당시 수학자들은 정다각형으로 평면을 메우는 문제를 한창 연구하고 있었어요. 정다각형은 대각선을 활용하면 여러 개의 삼각형으로 나눌 수 있는데, 특히 정사각형은 직각삼각형으로 나눠져요.

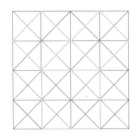

왼쪽 그림에 파란색 정사각형의 넓이를 생각해보면 피타고라스 정리가 성립하는 것을 눈으로 확인할 수 있어요.

이때 직각이등변삼각형의 변의 길이의 비는 1:1로 무리수가 등장해요. 무리수의 존재를 부정했던 피타고라스가 과연 이것으로부터 피타고라스 정리를 일반화했을까 의심이 드는 부분이에요. 아마 피타고라스는 피타고라스 정리를 이 타일에 대입해 보고 무리수가 등장해 곤란해했을 거라는 게 학자들의 추측이에요.

한편 유클리드는 오른쪽 그림과 같이 직각삼각형의 각 변을 한 변으로 하는 정사각형 3개를 그려, 수학적으로 피타고라스 정리가 옳다는 걸 증명했어요.

그런데 수학자뿐만 아니라 이 공식에 흥미를 보이던 각계각층의 사람들이 각자의 방법으로 공식을 증명해 선보이기 시작했어요.

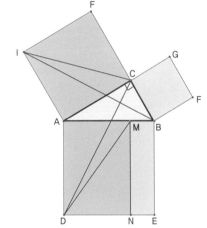

분할 퍼즐로 증명한 헨리 페리갈

1830년 경 영국의 펀드 매니저이자 아마추어 수학자였던 헨리 페리갈은 복잡한 수학 증명 대신 그림으로 피타고라스 정리를 증명했어요. 물론 수식이 아닌 그림으로만 하는 증명은 수학계에서 정식으로 인정되진 않지만, 그림은 그 성

헨리 페리갈
1801~1898.
영국 펀드 매니저, 수학자

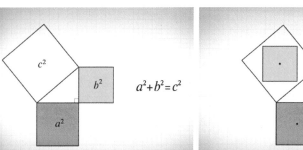
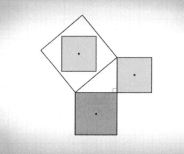
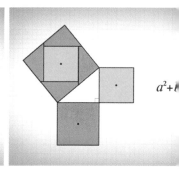

c^2

b^2

a^2

$a^2+b^2=c^2$

a^2+

① b^2 조각을 c^2 조각 위에 중심을 맞춰 올린다.

② a^2을 네 조각을 잘라 c^2 조각의 빈 공간을 채운다.

질이 참이라는 것을 보여 주는 훌륭한 도구예요.

페리갈은 위의 그림처럼 직각삼각형의 각 변을 한 변의 길이로 하는 정사각형을 그려, 정사각형의 넓이로 피타고라스 정리를 증명했어요.

정사각형의 넓이가 각각 a^2, b^2, c^2이라고 할 때, 작은 두 사각형의 넓이의 합 a^2+b^2이 큰 사각형의 넓이의 합인 c^2과 같다는 것을 증명하면 돼요.

페리갈은 이 문제를 마치 도형 퍼즐처럼 생각해, a^2과 b^2 조각을 c^2 위에 옮기는 방법을 떠올렸어요. 그는 각 정사각형의 중심을 찾은 뒤, 제일 먼저 b^2 조각을 c^2 조각 위에 중심을 맞춰 올려놨어요.

그런 다음 a^2을 네 조각으로 잘라, c^2 조각의 빈 공간을 채웠어요. 그러자 한 치의 오차도 없이 a^2과 b^2 조각만으로 c^2을 채울 수 있었어요.

이 증명법은 도형을 분할해 증명할 수 있는 가장 훌륭한 방법으로 알려져 있어요. 이에 자부심을 느낀 페리갈은 자신의 묘비에 이 증명법을 새겼어요.

제임스 가필드
1831~1881
미국 20대 대통령

미국의 제20대 대통령인 제임스 가필드는 사다리꼴의 넓이를 이용해 피타고라스 정리를 증명했어요.

그는 직각삼각형으로 사다리꼴을 만든 다음, 그 사다리꼴의 넓이가 3개의 직각삼각형의 넓이와 같음을 이용해 증명했어요.

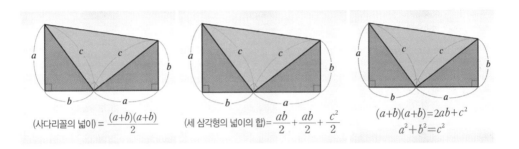

$$(사다리꼴의 넓이) = \frac{(a+b)(a+b)}{2}$$

$$(세 삼각형의 넓이의 합) = \frac{ab}{2} + \frac{ab}{2} + \frac{c^2}{2}$$

$$(a+b)(a+b) = 2ab + c^2$$
$$a^2 + b^2 = c^2$$

먼저, 전체 사다리꼴 넓이는 $\frac{(a+b)(a+b)}{2}$ 가 되고, 세 직각삼각형의 넓이의 합은 $\frac{ab}{2} + \frac{ab}{2} + \frac{c^2}{2}$ 이 돼요. 이때 사다리꼴의 넓이와 세 삼각형의 넓이의 합이 같음을 이용해 식을 정리하면 $(a+b)^2 = 2ab + c^2$이고, 양변을 정리하면 $a^2 + b^2 = c^2$이 돼요.

이처럼 피타고라스 정리는 수학자가 아니더라도 누구나 각자 자신의 방법으로 증명을 시도해 볼 수 있어요.

037

임진왜란과 망해도법
임진왜란을 승리를 이끈 이순신 장군의 비밀 전략

"신에게는 아직 12척의 배가 남아 있습니다."

330척의 배를 이끌고 온 일본군과의 전쟁을
단 12척의 배로 맞서 승리한 이순신 장군.

임진왜란을 승리로 이끈 이순신 장군의 전술은
학이 날개를 편 모습을 한 '학익진'이었다.

학익진을 사용하기 위해서 이순신 장군은
조선 시대 수학자와 머리를 맞댔다.

학익진 전술은
배와 배 사이의 거리,
포탄의 발사 각도,
발사 거리를 계산하는 등
수학적 원리가 필요했기 때문이다.

임진왜란이 시작되다

1592(임진)년 4월 일본군은 부산진과 동래로 쳐들어와 파죽지세로 북상하며 조선을 침략했어요. 바로 '임진왜란'이 시작된 것이지요. 전쟁 초기 일본군은 조선의 수도인 한성을 포함해 한반도의 상당 부분을 점령했고, 선조는 피난길에 올랐어요.

이로부터 한 달 뒤 5월 7일, 거제도 앞바다 옥포만에는 일본 군함 50여 척이 부두에 정박해 있었고, 일본군은 그 주변에서 백성을 괴롭혔어요. 서둘러 도착한 이순신 장군의 부대는 일본 군함을 포위한 채 대포와 화살, 총포를 집중적으로 쏘며 맞서 싸웠어요. 옥포만에서 일어난 이 싸움을 '옥포해전'이라고 부르는데, 임진왜란 중에 일어난 해전에서 거둔 첫 승리였어요.

이순신 장군의 필승 전술, 학익진

옥포해전에서 이순신 장군이 사용한 전술을 '학익진'이라고 불러요. 그 모습이 학이 날개를 펼친 것과 닮았다고 해서 붙여진 이름이에요.

▼ 이순신 장군이 사용한 전술 '학익진'의 대형은 학이 날개를 펼친 모습과 닮았다.

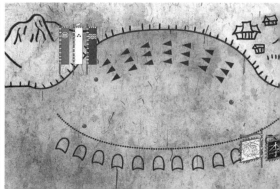

이는 조선 군함은 일본 군함이 조총이나 화포로 공격하지 못하도록 사정거리 밖에서 부채꼴로 정렬하여 부채꼴의 중심에 있는 일본 군함을 집중적으로 공격하는 방법이에요.

학익진 전술을 펼칠 때에는 조선 군함과 일본 군함 사이의 거리를 정확히 알아야만 했어요. 일본 군함의 사정거리 밖에 머물면서 공격의 정확성은 높여야 했으니까요. 이때 정확한 거리 측정이 가능했던 건, '산학자'라고 불리는 조선의 수학자 덕분이었어요.

당시 해군에는 산학자인 '훈도'라는 하급 관리 계급이 있었고, 그들은 각종 계산을 담당하는 사람들이었어요.

▲ 이순신 장군은 공격의 정확성을 높이기 위해 산학자와 함께 고민했다.

훈도들은 수학책인 「구일집」에 나오는 망해도술문에 따라 거리를 측정했어요. 이 방법은 망해도술문의 이름을 본 따 '망해도술' 또는 '망해도법'이라고 불렀어요.

그럼 조선의 산학자들은 어떻게 거리를 구했을까요?

대나무의 높이를 산학자의 방법대로 구해봅시다.

먼저 대나무 밑에서 28자만큼 걷고, 그곳에 10자 높이의 푯말을 세워 표시해요. 그러고는 눈을 땅에 붙이고 대나무의 끝을 바라볼 때, 대나무의 끝과 푯말의 끝이 나란한 곳을 찾아요. 그런 다음 산학자들은 삼각형의 닮음비와 삼각비를 이용해 거리를 구했어요. 두 도형이 닮음일 때, 각각 대응하는 변의 비가 같다는 성질을 이용한 거예요.

① 대나무 밑에서 28자만큼 걷는다.

② 도착한 곳에 10자 높이의 푯말을 세운 후 대나무 끝과 푯말의 끝이 나란한 곳을 찾는다.

예를 들어 다음 그림과 같은 직각삼각형이 있을 때, 직각삼각형 ADF와 직각삼각형 FEC는 닮음이에요. 이때 대응변인 선분 AD와 선분 FE, 선분 DF와 선분 EC는 길이의 비가 같아요.

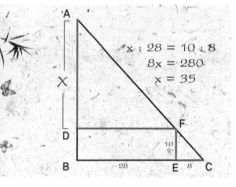

선분 AD의 길이를 x라고 하고, 선분 BE는 28, 선분 FE는 10, EC는 8이므로 $x:28=10:8$이라는 비례식을 세울 수 있어요. 내항의 곱은 외항의 곱과 같다는 비례식의 성질을 이용하면 x는 35가 돼요. 따라서 대나무의 길이는 x에 푯말의 길이 10을 더한 45가 돼요.

이렇게 산학자는 직각삼각형의 닮음비를 이용해 두 점 사이의 거리를 구했어요. 이 문제는 당시 몇몇 산학자와 산학에 관심이 있던 양반만이 이해하고 풀어 낼 수 있는 꽤 어려운 문제였어요.

학익진 전술을 응용한 한산대첩과 명량해전

이순신 장군은 많은 해전에서 학익진 전술로 승리를 거뒀어요. 조선군과 일본군 만 명이 격돌한 '한산대첩'에서도 마찬가지였어요.

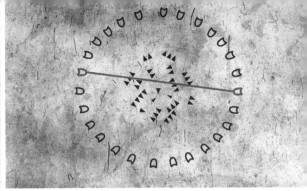

▲ 이순신 장군은 한산대첩에서 '쌍학익진' 전술을 사용해 승리를 거두었다.

한산대첩에서 이순신 장군의 부대는 양쪽 날개를 활짝 펼쳐 일본 군함을 둘러싸는 동시에 일본군의 뒤를 막는 대형을 만들었어요. 이는 커다란 원 모양이었는데, 마치 앞뒤에서 학익진 전술을 사용한 것 같다고 해서 '쌍학익진' 전술이라고 불렀어요.

이때 원 안에 놓인 일본 군함을 정확히 공격하려면, 대형을 이룬 원의 지름을 정확히 알아야 했어요. 만약 정확히 계산하지 못하면 포탄이 지름의 끝에 놓인 아군의 배를 맞출 위험이 있었기 때문이죠.

"신에게는 아직 12척의 배가 남아 있습니다"라는 유명한 말을 남긴 싸움 '명량해전'에서도 학익진을 활용했어요. 영화 〈명량〉에서는 배를 일렬로 세우고 먼 거리에서 일본 군함을 향해 화포를 쏘는 '일자진' 전술을 소개했어요. 이순신 장군이 직접 쓴 일기인 「난중일기」에 따르면 명량해전 때 일자진 전술 외에도 '날개를 접은 학익진' 전술도 사용했어요.

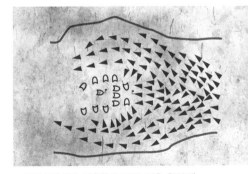

▲ 명량해전에서 사용한 '날개를 접은 학익진' 전술

학익진 전술로 여러 번 승리를 경험한 이순신 장군이었지만, 명량해전에서는 학익진 전술을 그대로 사용할 수 없었어요. 일본 군함에 비해 조선 군함의 수가 턱없이 부족했거든요.

이순신 장군은 원 모양으로 대형을 유지하고 가운데로 옹기종기 모여 일본 군함이 조선 군함을 둘러싸도록 만들었어요. 이는 마치 학이 날개를 접은 모양과 같다고 해서 '날개를 접은 학익진' 전술이라고 불렸어요.

여기서는 조선군과 일본군의 움직임을 원의 방정식으로 설명할 수 있어요. 원의 방정식은 중심의 위치가 바뀌어도 반지름이 변하지 않는 성질이 있어요. 조선 군함의 위치를 원의 중심이라고 생각하면, 거센 물살 때문에 계속 위치가 바뀌어도 일본 군함과의 거리를 대략적으로 계산해 정확하게 화포를 쏠 수 있었어요.

지금까지 살펴본 것처럼 이순신 장군이 여러 전투에서 어려운 환경을 극복하고 승리를 거둘 수 있었던 비결에는 수학의 원리가 녹아들어 있었어요.

038

삼각점에 얽힌 슬픈 이야기

가슴 아픈 한반도 근대 지도

산 정상 부근에 있는 '삼각점'
이 삼각점에 얽힌 슬픈 이야기가 있다.

1910년 한일강제합병조약이 체결되자,
일본은 곧바로 한반도 토지를 모두 빼앗을 계획을 세웠다.

이때 사용한 방법은 삼각점을 이용한 삼각측량법.
삼각측량법은 삼각비를 기초로 하는데,
조건에 따라 삼각비 값을 활용하면
모르는 두 점 사이의 거리를 구할 수 있다.

일본은 한반도에 몰래 들어와
도둑 측량으로 길이를 재고,
삼각측량법으로 한반도 지도를 완성했다.

삼각측량법은 오늘날에도 거리 측량, 항해, 천체 측량, 로켓 공학 등의
다양한 분야에 활용되고 있다.

도둑 측량으로 완성한 한반도 지도

　1870년대 후반, 우리나라에 조선 팔도를 누비며 보폭으로 거리를 재고, 주요 지형을 염탐하는 수상한 무리가 있었어요. 그들은 바로 일본 참모 본부 소속, 비밀 측량 대원들이었어요.

　일본은 이처럼 도둑 측량으로 한반도 군사 지도를 그렸고, 이 지도는 훗날 일본이 우리나라를 침략하는 데 결정적인 도구로 쓰였어요.

　1910년 한일강제합병조약이 체결되자, 일본은 육지측량부를 만들어 본격적으로 한반도의 지리 구조와 지형을 측량하기 시작했어요. 이미 근대 지도 기술이 발달했던 일본은 한반도 곳곳에 삼각점을 설치하고 삼각측량법으로 지도를 그리기 시작했어요. 삼각점은 삼각비의 원리를 사용하려면 꼭 필요한 지도의 기준점이었어요.

▲ 한일강제합병조약서

▲ 일본이 한반도 곳곳에 설치한 삼각점

삼각비는 삼각 측량의 기본 원리

직각삼각형에서 직각과 마주보고 있는 변을 '빗변', 직각을 낀 두 변 중 세로 변을 '높이', 가로 변을 '밑변'이라고 해요.

이때 각 x에 대해서 $\sin x$는 $\dfrac{(높이)}{(빗변의\ 길이)}$, $\cos x$는 $\dfrac{(밑변의\ 길이)}{(빗변의\ 길이)}$, $\tan x$는 $\dfrac{(높이)}{(밑변의\ 길이)}$ 로 계산할 수 있어요.

이 세 가지 비를 삼각비라고 불러요.

직각삼각형에서 한 각의 크기가 $x°$라 하면, 이때 직각삼각형들은 크기에 상관없이 모두 닮음이므로, 두 변의 길이의 비인 삼각비는 항상 일정해요.

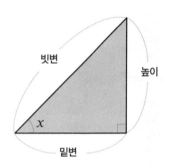

$$\sin x = \frac{(높이)}{(빗변의\ 길이)}$$

$$\cos x = \frac{(밑변의\ 길이)}{(빗변의\ 길이)}$$

$$\tan x = \frac{(높이)}{(밑변의\ 길이)}$$

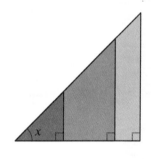

직각삼각형
한 예각의 크기가 같
삼각형의 크기에 관계
두 변의 길이의 비
항상 일정

삼각비로 두 점 사이 거리 구하기

삼각비를 이용하면 삼각형에서 한 변의 길이와 두 각을 알고 있을 때, 나머지 두 변의 길이를 구할 수 있어요.

삼각형 ABC에서 변 AB의 길이와 ∠A, ∠B의 크기를 알 때, 변 AC의 길이를 구하기 위해 먼저 점 A에서 변 BC에 수선을 그어, 삼각형 ABC를 직각삼각형 2개로 나눠요. 직각삼각형 ABD에서 $\dfrac{\overline{AD}}{\overline{AB}}=\sin 60°$이고, $\sin 60°$는 $\dfrac{\sqrt{3}}{2}$이므로 선분 AD의 길이는 $15\sqrt{3}$ 이 돼요.

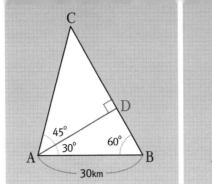

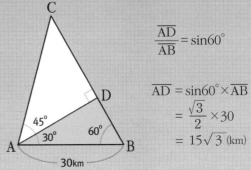

$$\frac{\overline{AD}}{\overline{AB}} = \sin 60°$$

$$\overline{AD} = \sin 60° \times \overline{AB}$$
$$= \frac{\sqrt{3}}{2} \times 30$$
$$= 15\sqrt{3} \text{ (km)}$$

이제 선분 AD의 길이를 알았으니 선분 BD의 길이(15)는 물론, 선분 AC의 길이($15\sqrt{6}$)와 선분 CD의 길이($15\sqrt{3}$), 선분 BC의 길이($15+15\sqrt{3}$)도 구할 수 있어요.

이런 식으로 삼각비를 이용해 계산한 두 점 사이의 거리와 각도만 알고 있다면, 나머지 점들 사이의 거리는 실제로 측량하지 않아도 계산할 수 있어요. 이것이 바로 삼각비를 이용한 삼각측량법이에요.

실제로 일본은 자신들이 거리를 알고 있는 대마도의 아리아케산과 도쿄의 미타케산 삼각점을 중심으로, 거제도와 부산에 설치한 삼각점까지의 거리를 구했어요. 그 뒤로 일본은 한반도에 약 400여 개의 삼각점을 설치해 한반도 전체 지도를 완성했어요.

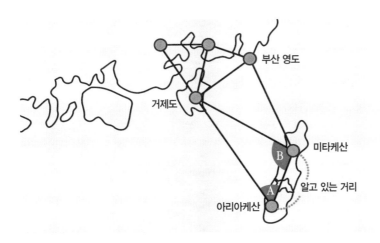

039

무게중심을 찾아라!
평면도형의 무게중심 찾는 법

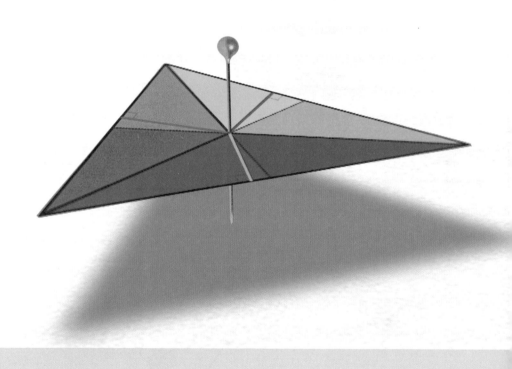

모든 물체에는 그 물체의 어떤 곳을 매달거나 받쳤을 때
기울어지지 않고 수평을 이루는 점이 있다.
이 점을 '무게중심'이라고 부른다.

최초로 모빌을 만든 조각가 알렉산더 칼더는
무게중심의 중요성을 다음과 같이 말했다.

"나는 작은 끝부터 시작한다.
그리고 무게중심을 찾았다는
생각이 들 때까지 균형을 잡아간다.
무게중심은 단 한군데만 존재하기 때문에
매우 정확해야 한다"

물체의 균형을 이루는 단 하나의 점, 무게중심.
무게중심은 도형의 기본인 삼각형부터 아름다운 예술 작품까지,
우리 생활 속에서 중요한 역할을 하고 있다.

"나는 작은 끝부터 시작한다.
그리고 무게중심을 찾았다는
생각이 들 때까지 균형을 잡아간다.
무게중심은 단 한군데만 존재하기 때문에
매우 정확해야 한다"

-알렉산더 칼더

물체가 균형을 이루는 점, 무게중심

모빌은 한 점에 매달려 있는 조각이 공기의 흐름에 따라 미묘하게 움직이면서 아름다움을 뽐내요. 모빌을 최초로 만든 사람은 미국의 조각가 알렉산더 칼더예요. 그가 모빌 작업 과정에서 가장 중요하게 생각한 건 무게중심 찾기였어요. 무게중심은 물체가 균형을 이루게 하는 점을 말해요. 따라서 무게중심만 정확히 찾으면 어떤 물체도 균형을 맞춰 세울 수 있어요.

알렉산더 칼더
1898~1976
미국 조각가

무게중심의 기본은 지레의 원리

예로부터 사람들은 무거운 물건을 옮길 때 지렛대를 사용했어요. 작은 힘으로 큰 물체를 옮길 수 있으니까요. 지렛대로 고인돌을 나르던 시절에는 어떻게 작은 막대 하나로 커다란 돌을 움직일 수 있는지 그 원리를 알지 못했어요. 그러다 고대 그리스 시대에 이르러 수학자 아르키메데스가 처음으로 원리를 밝혀냈어요.

지렛대 위에 놓인 두 물체의 무게 또는 힘을 각각 A와 B라고 해요. 그리고 이 물체와 받침점 사이의 거리를 각각 x와 y라고 해요. 이때 지렛대의 무게는 아주 작아서 무시할 수 있다고 가정하고, 지레가 수평을 이루면 A와 x의 곱은 B와 y의 곱과 항상 일치해요. A 가까이에 지렛대를 받친 다음 B 위치에 힘을 주면 A를 번쩍 들어 올릴 수 있어요. A의 무게가 무거워 질수록, 받침점과 B사이의 거리는 멀게하고, 누르는 힘은 더 세

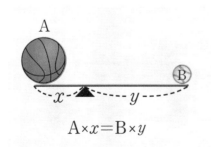

$$A \times x = B \times y$$

게하면 돼요.

사람들은 지레의 원리에서 새로운 법칙 두 가지를 발견했어요. 첫째, 지레가 수평을 이루는 순간의 지레의 받침점은 무게중심이라는 것과 둘째, 모든 물체에 무게중심이 있다는 것을 알게 됐지요.

평면도형의 무게중심 찾기

비대칭 다각형도 무게중심만 알면 균형을 맞춰 똑바로 세울 수 있어요. 평면도형의 무게중심은 도형을 고정할 수 있는 핀과 추를 매단 실만 있으면 쉽게 찾을 수 있어요.

■ 평면도형의 무게중심 찾기

① 핀으로 벽에 도형을 고정하고, 도형의 끝에서 추가 달린 실을 늘어뜨린다.

② 실을 따라 줄을 긋는다.

③ 도형 위의 다른 점에서 ②번을 반복한다.

④ 선들이 만나는 한 지점이 바로 무게중심이다.

 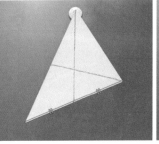 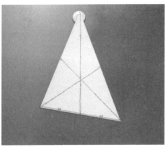

▲ 심긱형의 한 꼭짓점에서 내린 선분은 마주보는 변의 중점을 지난다.

삼각형도 실과 추를 이용하면 무게중심을 쉽게 찾을 수 있어요. 삼각형을 벽에 고정하고, 삼각형의 꼭짓점에서 추가 달린 실을 늘어뜨리면 마주보는 변의 중점을 지나요. 다른 2개의 꼭짓점에서 실을 늘어뜨려도 역시 중점을 지나게 되지요. 각 꼭짓점에서 마주보는 변의 중점을 연결하는 선을 '중선'이라고 하는데, 이 중선의 교점이 바로 '삼각형의 무게중심'이에요.

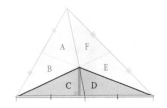 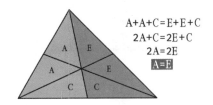 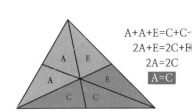

무게중심을 기준으로 나뉜 6개의 삼각형의 넓이를 비교해 볼까요?
삼각형 C와 D는 밑변의 길이가 같고, 높이가 같으므로 그 넓이가 같아요. 같은 이유로 삼각형 A와 B, 삼각형 E와 F도 각각 넓이가 같아요. 따라서 B 대신 A, D 대신 C, F 대신 E를 사용하면 다음과 같은 식을 세울 수 있어요. 삼각형 A+A+C의 넓이와 E+E+C의 넓이가 같아서 2A+C=2E+C가 되므

로, A와 E의 넓이도 같아요.

같은 방법으로 A+A+E의 넓이와 C+C+E의 넓이가 같으므로 2A+E=2C+E가 되므로, 결국 A와 C의 넓이도 같다는 걸 알 수 있어요. 즉 삼각형의 무게중심을 기준으로 나뉜 6개의 삼각형의 넓이는 모두 같아요.

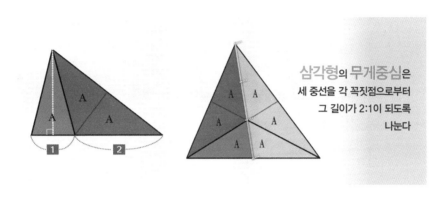

삼각형의 무게중심은
세 중선을 각 꼭짓점으로부터
그 길이가 2:1이 되도록
나눈다

또 위 그림을 보면 두 개의 삼각형과 하나의 삼각형의 넓이의 비는 2:1이고, 높이는 같아요. 따라서 밑변인 중선의 길이는 2:1로 나눠져요. 삼각형의 무게중심은 세 중선을 각 꼭짓점으로부터 그 길이가 2:1이 되도록 나눈답니다. 이처럼 삼각형의 무게중심은 삼각형의 넓이와 무게의 균형을 이루는 점이에요. 따라서 삼각형의 무게중심에 회전축을 꽂아서 돌리면 회전축을 중심으로 잘 돌아가는 삼각형 팽이를 만들 수 있어요.

생활 속 무게중심

지금까지 살펴본 평면도형뿐만 아니라 세상 모든 입체도형에는 무게중심이 있어요. 특히 사람이 타는 배나 비행기는 무게중심이 굉장히 중요해요. 운송 수단에 승객이나 물건을 실을 때 전체의 무게중심을 계산해 균형 있게 배치하지 않으면 사고의 위험이 높아지기 때문이에요. 또 큰 파도나 폭풍을 만나도 균형을 잃지 않기 위해서는 무게중심을 잘 잡아야 해요.

운동선수들에게도 무게중심은 매우 중요해요. 골프에서는 공을 무게중심 위로 칠지, 아래로 칠지에 따라 공이 날아가는 거리가 달라져요. 좋은 기록을 얻으려면 무게중심을 반드시 생각해야 해요. 또 피겨스케이팅의 다양한 동작도 선수 몸의 무게중심이 어디에 있느냐에 따라 회전의 중심축이나 점프의 높이가 달라져요. 무게중심에 따라 훌륭한 연기가 결정되는 셈이에요.

일상생활 곳곳에서 중요한 역할을 하고 있는 무게중심을 한번 찾아보세요. 각자의 자리에서 알게 모르게 우리를 지켜 주는 무게중심에게 고마움을 느끼게 될 거예요.

040

미터법의 탄생

특명! 지구 둘레 길이를 재서 1m를 정의하라

과거에는 각 나라별로, 시대별로 사용하는
단위가 모두 달라서
종종 문제가 발생하곤 했다.

실제로 미국에서 쏘아 올린 화성 탐사선이
단위 문제로 화성에 착륙하지 못하고
사라져 버린 사건도 있었다.

특히 18세기 말 프랑스 혁명 시대에
'모든 사람을 위한, 모든 시대를 위한,
보편적인 척도를 만들자'라는 주장에 따라
사람들은 무엇을 기준으로
새로운 단위를 만들지 의논하기 시작했다.

그 뒤 7년에 걸쳐 지구 둘레의 길이를 재고,
이를 통해 오늘날까지 우리가 사용하는
길이의 단위 1m를 정의했다.

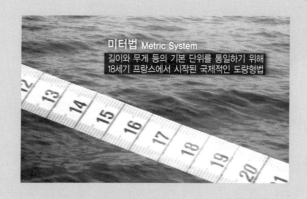

미터법 Metric System
길이와 무게 등의 기본 단위를 통일하기 위해
18세기 프랑스에서 시작된 국제적인 도량형법

단위 통일을 위한 기준을 세우다

예로부터 동서양을 막론하고 왕권을 가진 사람들은 새로운 단위 기준인 도량형을 만들어 자신의 권력을 보여 주려 했어요. 하지만 전 세계가 공통으로 사용하는 단위의 기준이 없이 지역마다 지방마다 서로 다른 단위를 사용하고 있었어요. 이 때문에 무역을 하거나 세금을 낼 때 혼란스러운 일이 많았지요.

그러다 18세기 말 프랑스 혁명이 한참이던 때에 '모든 사람을 위한, 모든 시대를 위한, 보편적인 척도를 만들자'는 움직임이 시작됐어요. 당시 사람들은 보편적인 척도의 기준을 '지구'라고 여겼어요. 지구는 인류 모두를 위한 공간이자, 영원히 변하지 않을 테니까요.

게다가 지구는 사람들이 '가장 완전한 도형'이라고 여겼던 원을 닮아서, 새로운 단위의 기준으로 안성맞춤이었어요.

1m 원정대를 파견하다

1792년 6월 24일 프랑스 국왕의 명을 받고 천문학자 들랑브르와 메셍은 각자 마차에 측량 도구를 싣고 머나먼 원정길에 올랐어요. 그들의 임무는 자오선의 길이, 다시 말해 지구에 존재하는 북극과 남극의 극점을 지나는 커다란 원의 둘레를 측량하는 것이었어요.

들랑브르 1749~1822   메셍 1744~1804
미터법 제정을 위해 파리의 북쪽과 남쪽으로 원정을 나선 프랑스의 천문학자

그들은 '1m 원정대'라는 이름으로 프랑스 파리를 기준으로 북쪽과 남쪽의 자오선 길이 일부를 재러 프랑스의 됭케르크와 스페인의 바르셀로나로 떠

자오선
북극과 남극을 이어서 지구의 경도를 결정하는 선

뒹케르크

바르셀로나

©Graves Creative Design / Shu

낳어요. 이를 바탕으로 만물의 척도가 되는 미터법을 만들기 위해서였지요. 하지만 혁명의 시기에 곳곳에서 전쟁이 벌어지고 있어서 자오선의 길이를 재는 일은 무척이나 힘들었어요. 가족들에게 길어야 1년이면 돌아올 것이라고 장담했지만, 자그마치 7년이나 걸렸어요.

당시는 이미 원주율(π)에 대해 알고 있었고, 이를 널리 사용하던 시기여서 사실 더 쉬운 방법으로 지구의 둘레를 계산할 수 있었어요. 하지만 그들이 불규칙한 날씨, 울퉁불퉁한 지형과 씨름하며 7년이란 시간을 투자하면서

직접 발로 뛴 이유는 프랑스에 대한 자부심 때문이었어요. 세상에 단 하나뿐인 파리를 지나는 자오선을 기준으로 인류 모두가 사용할 '미터법'을 만들고 싶었기 때문이에요.

◀ 원정대가 측량에 나선 1792년에는 이미 원주율(π)이 사용되고 있어 쉬운 방법으로 원의 둘레를 구할 수 있었지만, 1m 원정대는 프랑스 자오선을 기준으로 미터법을 만들기 위해 7년이란 긴 시간을 투자했다.

수학으로 처음 잰 지구의 둘레

아주 오래전 이미 지구의 둘레를 측정한 사람이 있었어요. 그리스의 수학자 에라토스테네스는 원과 부채꼴의 성질을 이용해 최초로 지구의 둘레를 측정했어요.

에라토스테네스는 기원전 200년 경 다음과 같은 세 가지 가정을 세우고 간단한 실험을 통해 지구의 둘레를 계산해 냈어요.

1) 지구의 크기는 완전한 구 모양이다.

2) 지구로 들어오는 태양 광선은 어느 지역에서나 평행하다.

3) 평행한 두 직선과 또 다른 직선이 만나 생기는 동위각은 항상 같다.

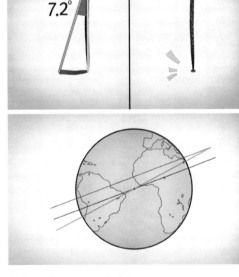

그는 이집트의 시에네(오늘날 아스완) 지역에 있는 마을 우물에 하짓날(6월 22일 경) 낮 12시에 해가 수직으로 비친다는 사실을 알아냈어요. 똑같은 막대를 시에네와 시에네에서 떨어진 알렉산드리아에 꽂자 한쪽엔 그림자가 없고, 한쪽에만 그림자가 생기는 기이한 일이 벌어졌거든요.

이때 태양 광선과 막대가 이루는 각은 약 7.2°예요. 그는 평행선과 엇각의 성질을 이용해 지구의 중심에서 시에네와 알렉산드리아의 사이각이 7.2°임을 알아냈어요.

또 에라토스테네스는 두 지역 사이의 거리를 낙타의 걸음 수로 쟀어요. 이때 두 지역 사이의 거리는 약 800km였어요.

그런 다음, 이를 이용해 지구의 둘레를 구하기 위해 360°:(지구의 둘레)=7.2°:(두 지역 사이의 거리)라는 비례식을 세웠어요. 물론 낙타의 걸음 수

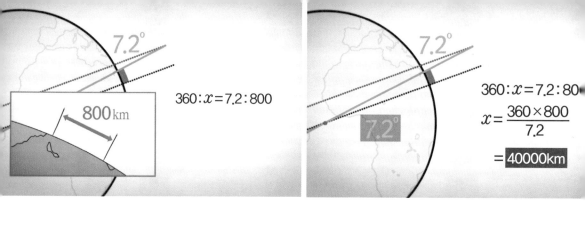

$$360 : x = 7.2 : 800$$

$$360 : x = 7.2 : 80\bullet$$
$$x = \frac{360 \times 800}{7.2}$$
$$= 40000 \text{km}$$

로 잰 두 지역 사이의 거리는 실제값과 비교하면 오차가 있지만, 800km를 비례식에 대입해 구한 지구의 둘레는 40000km로 현재 우리가 알고 있는 값과 매우 비슷했어요.

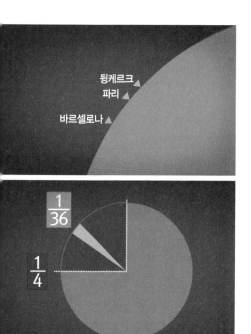

원의 일부로 둘레 예측하기

1m 원정대 들랑브르와 메셍이 7년 동안 프랑스의 됭케르크와 스페인 바르셀로나를 측정한 길이는 전체 자오선의 $\frac{1}{36}$ 정도였어요. 그들은 어떻게 일부 길이만으로 자오선 전체의 길이를 알아냈을까요?

비밀은 원과 부채꼴의 관계에 있어요. 원의 중심각, 부채꼴, 호 사이에는 다음과 같은 중요한 성질이 있어요.

첫째, 한 원에서 중심각의 크기가 같은 두 부채꼴의 호의 길이와 넓이는 각각 같다.

둘째, 한 원에서 부채꼴의 호의 길이와 넓이는 각각 중심각의 크기에 정비례한다.

1m 원정대 역시 이와 같은 원과 부채꼴 사이의 성질을 잘 알고 있었어요. 그래서 자오

■ 원과 부채꼴의 관계

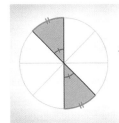
한 원에서
중심각의 크기가 같은
두 부채꼴의 호의
길이와 넓이는
각각 같다

한 원에서
부채꼴의 호의 길이와 넓이는
각각 중심각의 크기에
정비례한다

선의 일부 길이만 재고도 지구 전체의 둘레를 계산할 수 있었어요. 예를 들어 1m 원정대가 측정한 길이가 약 1100km라면, 부채꼴의 호의 길이는 중심각의 크기에 정비례하므로 $2\pi r : 1100 = 36 : 1$로 지구 전체 둘레($2\pi r$)는 약 39600km가 되고, 지구의 반지름 길이(r)는 약 6305km가 됨을 알 수 있어요.

훗날 사람들은 지구 둘레를 측정한 값, 약 4000만m(40000km)를 기준으로, 전체 자오선 길이의 4000만 분의 1을 '1m'라고 부르기로 약속했어요. 프랑스 정부는 '1m'를 전 세계에 알리기 위해 표준이 되는 자를 만들고 미터법을 사용했어요. 나폴레옹은 자신이 정복한 땅은 모두 미터법을 사용해야 한다고 강요했지만, 실제로 미터법이 전 세계에 전파되는데는 100년도 넘는 시간이 걸렸답니다.

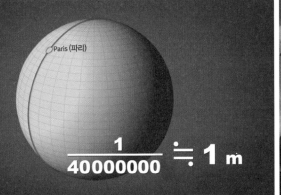
Paris (파리)
$\dfrac{1}{40000000} \fallingdotseq 1\,\text{m}$

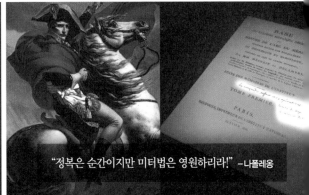
"정복은 순간이지만 미터법은 영원하리라!" –나폴레옹

041

아리스토텔레스의 바퀴

반지름의 길이에 상관없이 같은 거리를 움직이는 수상한 바퀴

두 원이 움직인 거리는 같을까요?

바퀴는 오래전부터 수학자들의 사랑을 한몸에 받았다.
그 생김새가 원과 같고, 바퀴의 중심에 고정 장치가 달려 있어
실제로 원의 움직임을 비교적 쉽게 관찰할 수 있기 때문이다.

이탈리아의 수학자 갈릴레오 갈릴레이도
자신의 저서 「두 가지 새로운 과학」에서
바퀴에 관한 문제 하나를 소개했다.

'중심이 같고 반지름의 길이가 다른 두 원이
동시에 굴러가는 바퀴가 있다.
이 바퀴를 평평한 바닥에 한 바퀴 굴리면,
반지름이 다름에도 불구하고
두 원 위의 표시한 한 점의 이동 거리가 같다.
어떻게 이런 일이 생긴 걸까?'

이 문제는 수학자들이 좋아하는 역설 중 하나로
착각을 일으키는 논리학 문제다.
이는 갈릴레이가 활동했던 시대인 17세기 이전에
고대 그리스의 아리스토텔레스가 설명한 기록이 남아 있어
때때로 '아리스토텔레스의 바퀴'라고도 불린다.

아리스토텔레스의 바퀴

아리스토텔레스
B.C. 384~B.C. 322
고대 그리스 철학자

수상한 바퀴의 정체를 밝혀라

바퀴는 보통 중심은 같고 반지름의 길이가 다른 원 2개로 이뤄져 있어요. 아리스토텔레스의 바퀴 역시 같은 모양이에요. 수학자들은 이 평범한 바퀴에서 흥미로운 사실 하나를 발견했어요. 반지름의 길이가 서로 다른 두 원 위의 각 점이 같은 시간 동안 같은 거리를 움직인다는 사실이었어요. 다시 말하면 반지름의 길이가 서로 다른 두 원의 둘레가 같을 수도 있다는 허무맹랑한 이야기예요.

이 가설을 직접 확인해 볼까요? 위 그림처럼 반지름이 짧은 원 위의 한 점을 A, 반지름이 긴 원 위의 한 점을 B라고 해요. 그런 다음 이 바퀴를 평평한 바닥에서 한 바퀴 굴리면서 점 A와 점 B의 움직임을 관찰해 봐요. 그러자 작은 원 위의 점 A는 A'로, 큰 원 위의 점 B는 B'로 이동해요. 이때 두 원의 움직임을 선으로 나타내면 각각 선분 AA'와 선분 BB'가 그려져요. 그런데 신기하게도 선분 AA'와 선분 BB'의 길이가 같아요. 이게 어떻게 된 일일까요?

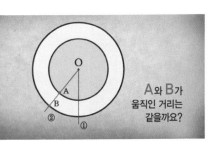

A와 B가 움직인 거리는 같을까요?

이번에는 바퀴를 한 자리에 두고 점 A와 점 B를 관찰해 볼게요. 먼저 중심 O와 두 점을 한 직선으로 연결하고 점의 처음 위치를 ①, 일정한 시간만큼 이동한 나중 위치를 ②라고 표시해요. 이때 각각의 원 위에서 점 A와 점 B가 이동한 거리는 한눈에 보기에도 서로 달라요.

자세히 보면 한 직선 위에 놓인 점 A와 점 B의 이동 속도가 서로 달라요. 반지름의 길이가 긴 원 위의 점 B는, 반지름의 길이가 짧은 원 위의 점 A보다 빠른 속도로 움직여야만 같은 시간 동안 ②번 위치로 이동할 수 있었어요.

이동 속도가 달라서 생긴 착시

수상한 바퀴의 작은 원과 큰 원을 분리해 나란히 놓고 각각 한 바퀴를 굴려 보면, 두 원의 이동 거리가 다르다는 것을 한눈에 알 수 있어요. 두 원 위의 점 A와 점 B가 같은 시간 동안 같은 위치로 이동해 두 원의 둘레의 길이가 같아진 것처럼 보인 거예요. 이것은 두 점의 이동 속도가 달라서 생긴 일종의 착시현상이에요. 사실 점 A와 점 B는 위치 변화가 같았을뿐, 두 원의 둘레의 길이와는 아무 상관이 없답니다.

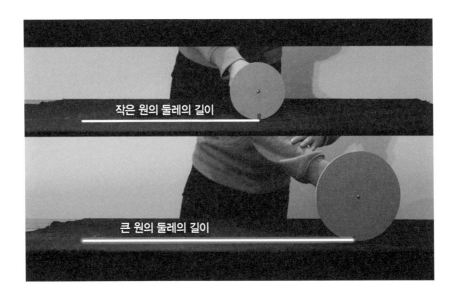

작은 원의 둘레의 길이

큰 원의 둘레의 길이

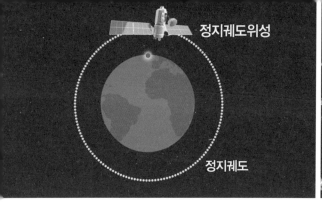

수상한 바퀴와 닮은 위성

　지구에서 볼 때 마치 가만히 있는 것처럼 보이는 위성이 있어요. 이것은 아리스토텔레스의 바퀴처럼 지구의 자전 주기와 위성의 주기가 같아서 생기는 현상이에요.

지구 주위를 빠르게 움직이고 있지만 마치 멈춰있는 것처럼 보이는 이 위성의 길을 '정지궤도'라고 하고, 정지궤도 위를 돌고 있는 위성을 '정지궤도위성'이라고 불러요. 실제로 전 세계 여러 나라에서는 정지궤도위성을 이용해 기상, 통신, 방송 분야에 활용하고 있답니다.

042

모순의 수학, 역설

이발사의 수염은 누가 깎아 줄까?

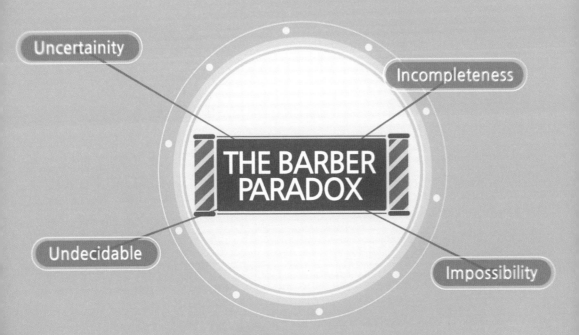

딜레마(dilemma)란
이럴 수도 저럴 수도 없는 곤란한 상황인 것에 반해,
역설(paradox)은
논리나 말 자체에 모순이 있는 것을 말한다.

대표적인 역설은 버트런드 러셀이 발표한
'이발사의 역설'이다.

"이 마을에서는 스스로 수염을 깎는 사람 외에는
모두 내가 수염을 깎아 줍니다."

'이발사는 자신의 수염을 스스로 깎을까?'란 생각을 해 보면
이발사의 말에 모순이 있음을 알 수 있다.

이러한 역설들은
완벽을 추구했던 수학이 한계를
드러내기 시작한 것처럼 보였다.
하지만 이를 계기로 수학의 불확실성과
불완전성을 연구하기 시작했다.

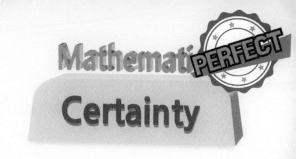

유클리드

역설 대 딜레마

고대 그리스의 수학자 유클리드가 수학을 책으로 정리하고 체계화한 뒤로, 수학은 가장 완벽한 학문이며 그 자체로 의심할 여지가 없는 진리라고 여겨져 왔어요.

그런데 수학에서 다루는 문제는 언제나 분명하고 완벽하기만 할까요?

다음 수지와 민호의 대화를 들으며 생각해 봐요. 둘 중 누가 거짓말쟁이고 누가 정직한 사람일까요? 누가 진실을 말하고 있을까요?

민호가 정직한 사람이라고 가정하면, 민호의 말은 참이므로 수지는 거짓말쟁이에요. 거짓말쟁이인 수지의 말은 거짓이므로 민호는 거짓말쟁이가 돼야 해요. 그런데 이것은 처음 가정인 민호가 정직한 사람이라는 것과 맞지 않아요.

이번엔 민호가 거짓말쟁이라고 가정하면, 민호의 말은 거짓이므로 수지는 정직한 사람이에요. 정직한 사람인 수지의 말은 참이겠지요. 수지의 말에 따르면 민호는 정직한 사람이에요. 그런데 이것 역시 처음 가정과 맞지 않아요. 결국 민호가 정직한 사람이라고 해도 모순이고, 거짓말쟁이라고 해도 모순이에요.

이처럼 참 또는 거짓을 말할 수 없는 문장이나 관계를 '역설'이라고 해요.

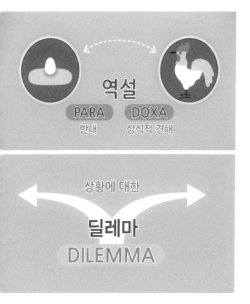

역설이란 paradox를 번역한 말로 그리스어로 '반대'를 뜻하는 단어 'para'와 '상식적 견해'를 뜻하는 단어 'dox'가 합쳐진 말이에요. 이와 비슷한 단어로는 '딜레마'가 있어요. 예를 들어 첫째 아들이 우산 장수이고, 둘째 아들이 짚신 장수인 엄마는 맑은 날을 기다리지도 비 오는 날을 기다리지도 못해요. 비가 오면 첫째 아들은 장사가 잘 되겠지만 둘째 아들이 힘들테고, 해가 쨍쨍하면 둘째 아들은 장사가 잘 되겠지만 첫째 아들은 우산 한 개 팔기도 어려울 테니까요.

이처럼 딜레마는 두 아들을 둔 어머니처럼 이러지도 못하고, 저러지도 못하는 곤란한 상황을 말해요. 하지만 역설은 민호와 수지의 대화처럼 논리나 말 자체가 모순이 있는 것을 뜻해요.

버트런드 러셀

이발사의 역설

　최초의 수학적 역설은 영국의 수학자이자 철학자인 버트런드 러셀이 발견했어요. 그가 당시에 발표한 '이발사의 역설'의 내용은 다음과 같아요.

　스페인 세비아에 자신이 최고라고 생각하는 이발사가 있었어요. 그는 "이 마을에서는 스스로 수염을 깎는 사람을 제외하고 모두 내가 수염을 깎아 줍니다."라고 말했어요. 이 말을 듣고 있던 한 손님이 궁금증이 생겼어요. "그럼 당신의 수염은 누가 깎아 주나요?"

　만약 이발사가 자신의 수염을 스스로 깎는다면, 자신의 수염을 스스로 깎는 사람은 이발사가 수염을 깎아 주지 않는다고 했으므로 자신의 수염을 깎을 수 없어요. 반대로 이발사가 자신의 수염을 스스로 깎지 않으면, 스스로 수염을 깎지 않는 사람은 이발사가 수염을 깎아 준다고 했으므로 이발사 자신의 수염을 깎아야 해요. 어떻게 가정을 해도 모두 모순이 되지요.

▲ 이발사가 스스로 수염을 깎을 때, 깎지 않을 때 모두 모순이 생긴다.

이발사는 자신이 어느 쪽에 속하던 자신의 수염을 깎을 수 없어요. 이발사의 이야기를 반박하는 방법은 한 가지뿐이에요. 이런 이발사는 세상에 없다고, 존재 자체를 부정하는 거예요.

이러한 역설의 등장은 완벽하다고 믿어 왔던 수학을 의심하는 하나의 사건이 됐어요. 지금까지 정말 당연하게 여겼던 모든 수학의 추론 방법과 체계에 문제가 있을 수도 있다는 의심이 시작된 것이죠. 완벽하다고 생각했던 수학의 한계가 드러난 걸까요?

버트런드 러셀

하지만 이 위기를 계기로 수학은 더욱 발전하게 됐어요. 독일 수학자 쿠르트 괴델은 불완전성 정리를 만들 때 이러한 역설을 연구했고, 영국 수학자 앨런 튜링은 결정의 불가능성을 연구할 때 러셀의 작업이 유용하다는 사실을 깨닫고 적용했어요.

쿠르트 괴델

결국 이발사의 역설은 훗날 불확실성을 입증하는 중요한 이론이 됐어요. 완벽하지 않을 수 있음을 알게 된 덕분에 새로운 이론이 탄생한 거예요.

앨런 튜링

| 사진 출처 |

연합포토 20p 모션 캡처
국토지리정보원 자료 제공 241p, 243p 삼각점
Wikipedia 16p 갈릴레오 갈릴레이 36p 천상열차분야지도 탁본 39p, 41p 오일러 61p 줄리아 파리지의 그림 73p 블레즈 파스칼 74p 자코브 베르누이 76p 피에트 라플라스 90p 크림 전쟁, 나이팅게일 91p 나이팅게일 통계 그래프 110p 조나단 스위트, 걸리버 여행기 119p, 122p 엔리코 페르미 136p 쐐기문자 138p~144p 조르주 쇠라, 〈그랑드 자트 섬의 일요일 오후〉, 〈외바퀴 손수레를 옆에 놓고 돌을 쪼개는 남자〉, 〈교외〉, 〈서커스〉, 피에트 몬드리안, 〈빨강, 파랑, 노랑의 구성〉, 〈타블로〉, 〈붉은 나무〉, 〈회색 나무〉, 〈꽃피는 사과나무〉, 클로드 모네, 〈해돋이〉, 빈센트 반 고흐, 〈별이 빛나는 밤〉, 바실리 칸딘스키 150p 필리포 브루넬리스키 동상 152p 토끼-오리 착시 165p 탈레스 197p 유클리드 동상 200p, 209p 아르키메데스 215p 카발리에리 217p, 218p 나폴레옹 233p 구스타프 에펠, 에펠탑 설계도 225p 자유의 여신상 설계도 231p 헨리 페리갈 233p 제임스 가필드 243p 한일강제합병조약서 247p~248p 알렉산더 칼더 255p~256p 들랑브르, 메생
NASA 44p 큐리오시티, 스푸트니크 1호 모형 45p~48p 큐리오시티 착륙 과정

* 이 책에 실린 사진은 저작권자의 허락을 받아 게재한 것입니다.
* 저작권자를 찾지 못해 허락을 받지 못한 일부 사진은 저작권자가 확인되는 대로 게재 허락을 받고 통상 기준에 따라 사용료를 지불하겠습니다.